NIKOLAUS FÖRSTER

Meine größte Chance

Wie Fehler uns voranbringen

Nikolaus Förster

Meine größte Chance

Wie Fehler uns voranbringen

impulse buch

INHALT

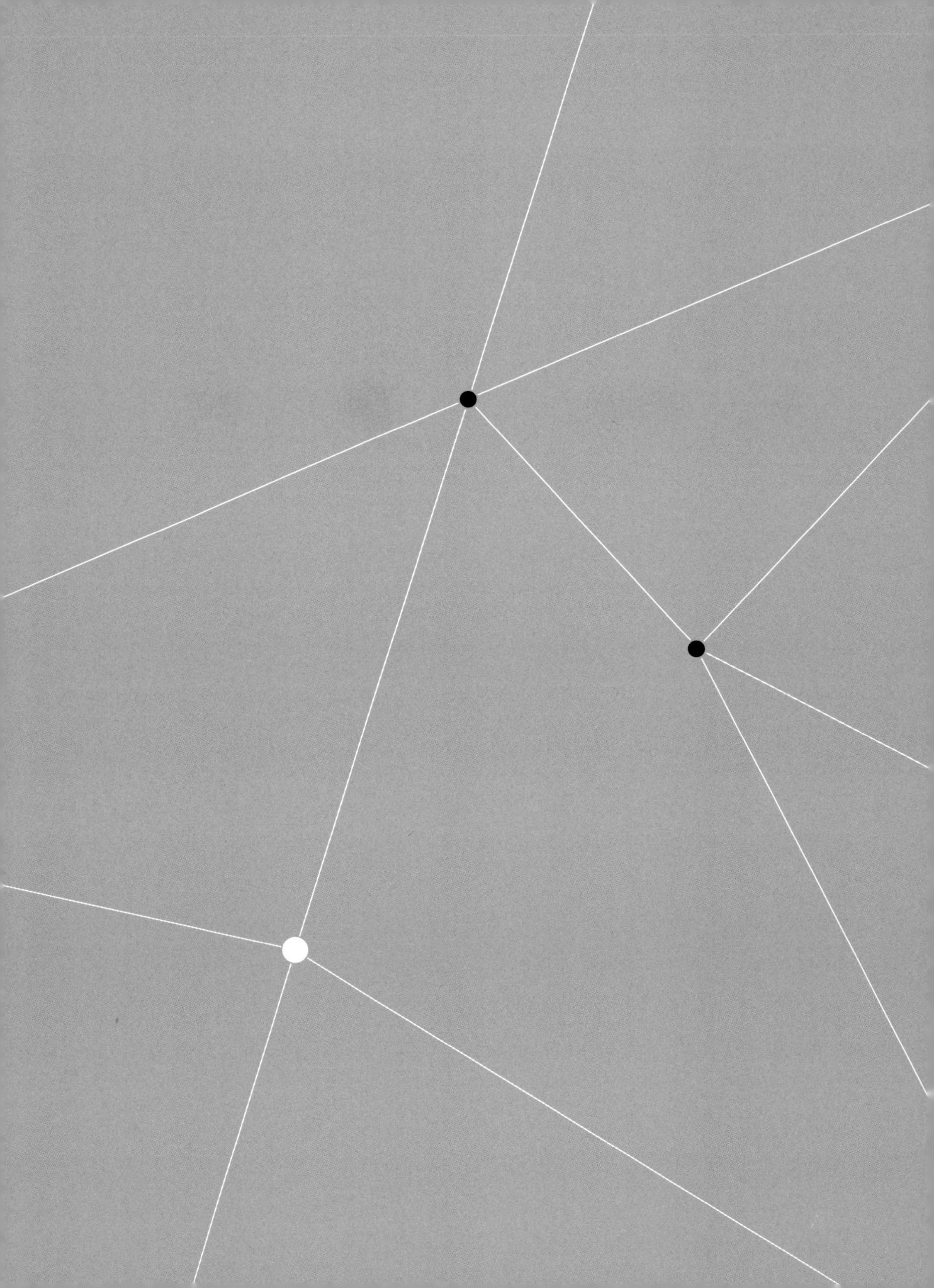

EINLEITUNG

„Wer A sagt, der muss nicht B sagen“

„Wir sind alle gescheitert, zumindest die Besten von uns“

JAMES MATTHEW BARRIE

EINLEITUNG

„Wer A sagt, der muss nicht B sagen"

Wer A sagt, der muss nicht B sagen." So lautet die Maxime in Bertolt Brechts Stück „Der Neinsager" aus dem Jahr 1930 – ein lapidarer Satz, der es in sich hat: Vom eingeschlagenen Pfad abzuweichen ist nämlich keineswegs einfach. Selbst wenn ernsthafte Zweifel aufkommen, ist die Versuchung groß, weiterzumachen und sich der vermeintlichen Zwangsläufigkeit der Geschehnisse zu fügen. Was man angefangen hat, führt man zu Ende. Egal wie.

Der Psychologe Dietrich Dörner hat solch ein Verhalten „ballistisches Handeln" genannt: Wie Kanonenkugeln schießt man seine Entscheidungen ab, starrt wie gebannt auf die Flugbahn der Geschosse und kommt gar nicht auf die Idee, danach zu fragen, wo die Kugeln eigentlich landen und was sie anrichten. Ein Umsteuern kommt nicht in Frage. Zu groß ist der Reflex, negative Konsequenzen eigener Entscheidungen auszublenden. Wir wollen unbedingt an der Illusion festhalten, wir seien kompetent. Da passt es nicht ins Bild, wenn sich eine Entscheidung als falsch erweist. Also: lieber ausblenden. Und den Kanonenkugeln gebannt hinterherschauen.

Bertolt Brechts Protagonist, ein „Knabe", will sich aber seinem Schicksal nicht ergeben. Als er sich auf eine gefährliche Expedition begibt, um Medizin für seine kranke Mutter zu besorgen, überanstrengt er sein Herz so sehr, dass er nicht mehr weiterkann. Ihm droht der Tod – durch seine Begleiter. Ein Brauch schreibt nämlich vor, dass jemand in solch einer Situation „ins Tal hinabgeworfen" wird und er seiner eigenen Tötung zustimmen muss. Der Knabe weigert sich. In dieser Tradition kann er „keine Vernunft" erkennen. Er will umkehren und etwas Neues begründen: „den Brauch, in jeder neuen Lage neu nachzudenken“. Für ihn steht fest: „Wer A sagt, der muss nicht B sagen.“

Die Lust, die eigene Zukunft zu gestalten, charakterisiert unternehmerisches Denken. Es ist der Glaube daran, etwas bewegen zu können und nicht zum Spielball äußerer Umstände zu werden. Dies ist eine der markantesten Eigenschaften von Unternehmern. Selbst bei massiven Rückschlägen geben sie nicht auf. Eine Erkenntnis aus meiner langjährigen Beschäftigung mit Fehlern – auch über das Projekt „Mein größter Fehler“ – besteht darin, dass es erfolgreichen Unternehmern tatsächlich gelingt, aus ihrer Erfahrung zu lernen. Sie erleiden zwar bittere Niederlagen, gehen daraus aber gestärkt hervor. Für sie sind es Wendepunkte.

„Mein größter Fehler“
Als ich 2009 Chefredakteur des Mittelstandsmagazins impulse wurde, begann ich, erfahrene Unternehmer und Unternehmerinnen nach ihren größten Fehlern zu befragen. Auf der letzten Seite des Magazins führte ich die Rubrik „Mein größter Fehler“ ein. Monat für Monat befragen wir seitdem Menschen nach ihren bittersten Niederlagen. Diese Schlüsselszenen samt Lektionen, die sich aus den immer wiederkehrenden Verhaltensmustern ableiten lassen, mündeten 2016 in das impulse-Buch „Mein größter Fehler. Bekenntnisse erfolgreicher Unternehmer“.

Massive Fehler brennen sich ins Gedächtnis ein. „Ich trug eine Narbe davon“, erinnert sich zum Beispiel der Porzellanfabrikant Wendelin von Boch-Galhau an eine gescheiterte Auslandsexpansion, die ihn nicht nur viel Geld kostete, sondern auch seine Reputation angriff. Der Villeroy & Boch-Chef ging mit dem Debakel aber offen um: „Wenn man zu einem Fehler steht, erhält man sich seine Glaubwürdigkeit.“

Schulbuchverleger Michael Klett, der in den 1980er-Jahren beim gescheiterten Einstieg in das Privatrundfunkgeschäft viel Geld verlor, nutzte den Rückschlag, um sein ganzes Unternehmen zu verwandeln und eine „neue Fehlerkultur“ zu etablieren: „Seitdem werden alle Flops analysiert und aufgearbeitet“, sagt der Verleger. „Das tut manchmal richtig weh, aber man reift nur an Fehlern.“

Fehler lösen etwas aus. Sie ärgern, verstören, treiben Menschen zur Verzweiflung. Aber sie liefern auch neue Erkenntnisse und stoßen Veränderungen an. Das ist ihr wahrer Wert: Ein schmerzhaftes Bekenntnis – „Mein größter Fehler“ – kann am Beginn einer Verwandlung stehen. Deshalb heißt dieses Buch „Meine größte Chance“. Der Brecht'sche Satz „Wer A sagt, der muss nicht B sagen“ lässt sich auch als Aufforderung lesen, nicht einfach weiterzumachen, sondern neu zu denken – und aus Fehlern zu lernen.

Es geht nicht darum, Fehler zu verherrlichen. Gerade Unternehmer, die für ihre Entscheidungen haften, wissen, welche finanziellen, juristischen und emotionalen Folgen Fehlentscheidungen haben können. Fehler sollte man ernst nehmen – aber auch als wertvollen Hinweis auf mögliche Veränderungen. Als Chance.

Ein kluger Umgang mit Fehlern kann ein Unternehmen verwandeln – nicht nur weil einzelne Erkenntnisse partielle Veränderungen bewirken, sondern auch weil dies die gesamte Firmenkultur beeinflusst. Wem es gelingt, produktiv mit Fehlern umzugehen, also *dumme* zu vermeiden und *intelligente* zu nutzen, der fördert in seinem Team unternehmerisches Denken, die Übernahme von Verantwortung und eine transparente Kommunikation. Dies sind Voraussetzungen, um eine „lernende Organisation" zu schaffen, die sich auch in schwierigen Märkten im Wettbewerb behauptet.

Lernende Organisation
Dieser Begriff wurde stark vom amerikanischen Management-Vordenker Peter Senge geprägt. In seinem Bestseller „Die fünfte Disziplin" stellte er 1990 die Frage, wie es gelingen kann, dass sich Firmen weiterentwickeln und sich Menschen für ein gemeinsames Ziel engagieren. Diese Aspekte werden in Kapitel 4 (ab Seite 134) und in Kapitel 5 (ab Seite 160) aufgegriffen.

Die Firmenkultur zu verändern, sodass die Mitarbeiter sich trauen, offen über Fehler zu sprechen, lohnt sich auch finanziell. Der Wirtschaftspsychologe Michael Frese hat gezeigt, dass Firmen ihren Gewinn um bis zu einem Fünftel steigern konnten, wenn sie ihr Fehlermanagement verbesserten. Ermutigen Firmen ihre Mitarbeiter, Fehler einzuräumen, sinkt zum Beispiel die Gefahr, dass erfolglose Projekte zu lange weitergeführt werden und Zeit verschwendet wird. „Diejenigen, die Fehler richtig managen", sagt Frese, „haben einen enormen Wettbewerbsvorteil gegenüber Konkurrenten, die das nicht tun."

Einfach ist ein kluger Umgang mit Fehlern nicht. Von Kindheit an wurde uns beigebracht, dass Fehler schlechte Noten oder Sanktionen nach sich ziehen. Gerade in Deutschland gelten sie als Makel und nicht als Ausweis von Lebenserfahrung. Die Furcht vor Fehlern spiegelt sich auch in der geringen Anzahl an Neugründungen. Der wichtigste Grund, warum es hierzulande verhältnismäßig wenige neue Start-ups gibt, ist die Angst vor dem Scheitern. „In Deutschland ist unternehmerischer Misserfolg immer noch ein Makel", sagt der Wirtschaftsgeograf Rolf Sternberg. In internationalen Vergleichsstudien landet Deutschland meist auf einem der letzten Plätze: Wir lieben Perfektion, scheuen Risiko und hassen Fehler.

Wie also kann es gelingen, anders mit Fehlern umzugehen? Wie gewinnen wir einen Blick auf ihre tieferen Ursachen? Wie stoppen wir unseren Reflex, nach Sündenböcken zu suchen? Und wie schaffen wir eine vertrauensvolle Umgebung, um über Fehler zu reden und sie für Veränderungen zu nutzen?

Auf diese Fragen gibt dieses Buch Antworten: In *Kapitel 1* werden zunächst unsere **Denkfehler** in den Blick genommen: jene Mechanismen, die dazu führen, dass wir uns selbst täuschen. *Kapitel 2* dreht sich um die Frage, warum wir bei Fehlern fast instinktiv nach einem **Sündenbock** und nach einfachen Erklärungen suchen – und damit blind werden für die tieferen Zusammenhänge. Dies führt uns mitten hinein in unsere Gefühle. Sie sind es, die uns (auch) steuern, erst recht wenn es um Fehler geht. *Kapitel 3* zeigt, dass sich das Geschehen als komplexes Zusammenspiel von **Systemen** begreifen lässt. Verstehen wir ihre Dynamik, dann wissen wir auch, wo wir wirksame Hebel ansetzen können, um etwas zu verändern. Hilfreich dabei ist das Wissen über typische Muster, die immer wiederkehren, sogenannte **System-Archetypen:** Die zehn wichtigsten werden in einem Exkurs beschrieben. *Kapitel 4* demonstriert an konkreten Beispielen, wie wichtig flache Hierarchien und eine gemeinsame **Vision** sind, um eine positive Fehlerkultur zu schaffen. *Kapitel 5* schließlich lenkt den Blick auf das Thema **Vertrauen.** Ohne ein Klima der Sicherheit wird niemand offen über Fehler reden. Was Sie konkret tun können, beschreibe ich am Ende in „15 Schritten zu einem guten Fehlermanagement", gefolgt von einem Fehlerkultur-Fragebogen, der Ihnen dabei hilft, herauszufinden, wo Sie selbst ansetzen können. Wer das Thema vertiefen möchte, findet im *Anhang* kommentierende Anmerkungen, eine Literaturliste und Hinweise auf weiterführende Angebote der impulse-Akademie.

impulse-Akademie
Seit 2015 vermittelt impulse Führungskräften und Chefs vor allem in Seminaren unternehmerisches Handwerkszeug. Siehe Seite 213 und 215.
impulse.de/akademie

Es wird also ein großer Bogen geschlagen: von Erkenntnissen aus der Hirnforschung, Psychologie und Systemtheorie (in den ersten drei Kapiteln) bis zu konkreten Tipps, die Sie im unternehmerischen Alltag nutzen können. Ich bin davon überzeugt, dass beides wichtig ist und zusammengehört. Allzu oft wird Fehlermanagement auf eine Handvoll wohlfeiler Empfehlungen reduziert. Will man allerdings wirklich etwas verändern, so sollte man sich darüber klar sein, dass uns dieses Thema im Innersten berührt und wir eigentlich ständig dabei sind, uns mit allen Sinnen dagegen zu wehren: Unser Gehirn nimmt am liebsten nur das wahr, was uns selbst bestätigt – und dazu gehören sicherlich keine Fehler! Unsere Psyche ist fest entschlossen, unser positives Selbstbild mit allen Mitteln zu verteidigen; da haben Fehler ebenfalls nichts verloren – es sei denn, die anderen sind schuld … Und auch die Wechselwirkungen komplexer Systeme erschließen sich uns nicht intuitiv. Es hilft also, sich in neue Gebiete vorzuwagen und Ideen zu entdecken, die dabei helfen können, mit Fehlern besser umzugehen.

Nein, vor Fehlern sind Sie auch nach der Lektüre dieses Buches nicht gefeit. Aber Sie werden einen anderen Blick für Fehler entwickeln und zuvor unsichtbare Strukturen erkennen. Sie können sich an Erfahrungen anderer orientieren – anhand einer Fülle an Praxisbeispielen kleiner und mittelständischer Unternehmer, die impulse über Jahre hinweg recherchiert hat. Dazu kommen unzählige Gespräche im Zuge des Projekts „Mein größter Fehler" (impulse.de/fehlerbuch), anonymisierte Fälle, auch aus unseren jährlichen „Aus Fehlern lernen"-Konferenzen, bei denen Hunderte Unternehmer zusammenkommen, um sich in Workshops über Fehler auszutauschen (impulse.de/fehler), sowie meine eigenen Erfahrungen als Führungskraft und als Unternehmer; seit es mir Anfang 2013 gelang, als Chefredakteur das Unternehmermagazin impulse vom Verlagskonzern Gruner + Jahr zu übernehmen, blicke ich völlig anders auf unternehmerische Themen.

Ich freue mich, wenn auch Sie Lust haben, sich mit diesem Thema intensiver zu beschäftigen. Keine Angst: „Wir sind alle gescheitert", hat der Autor James Matthew Barrie einmal geschrieben, „zumindest die Besten von uns."

Hamburg, im August 2017

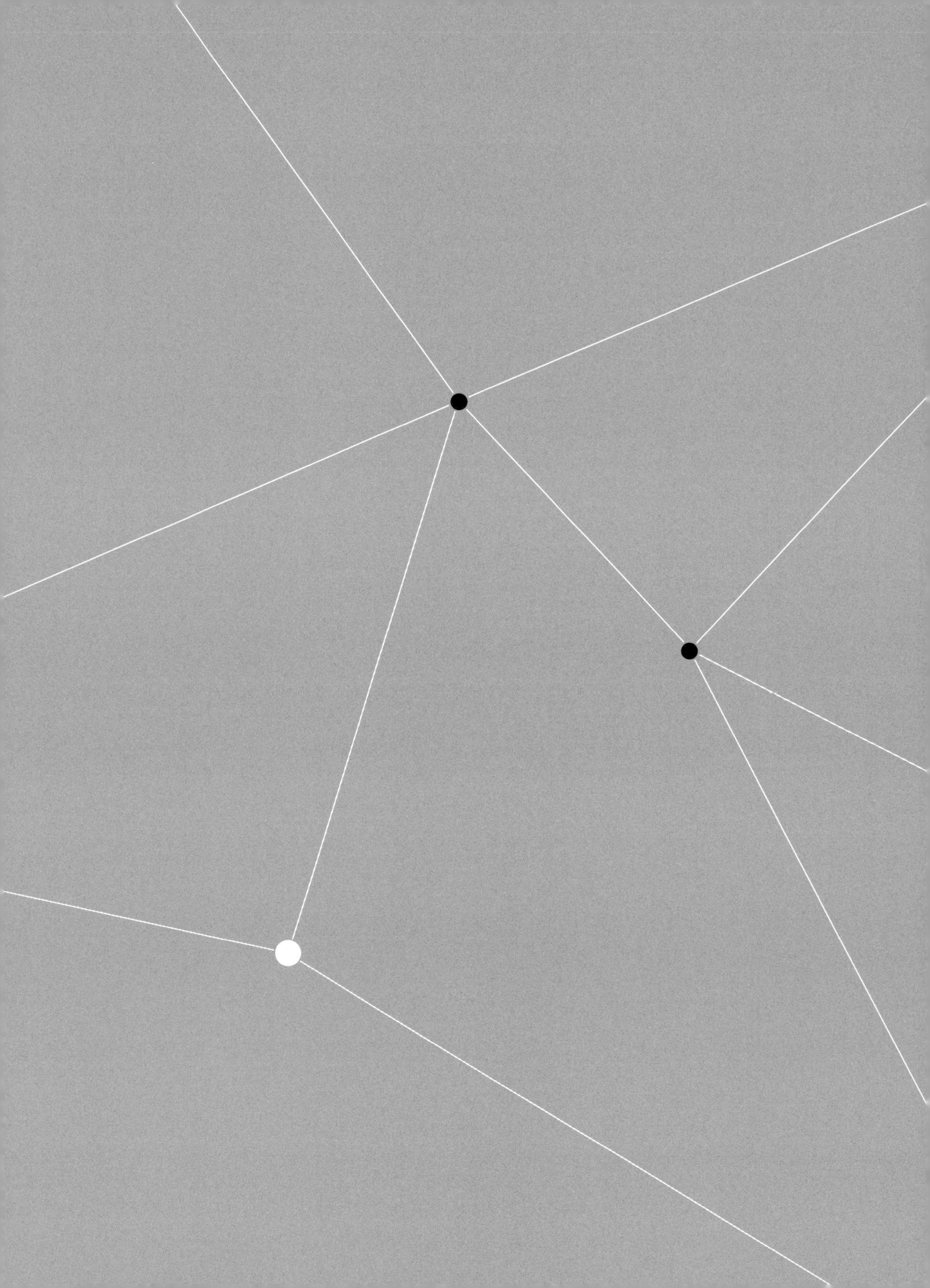

KAPITEL 1 – DENKFEHLER

Wie wir uns selbst täuschen

Je undurchsichtiger uns die Realität erscheint, desto eher neigen wir dazu, sie zu vereinfachen. Wir gaukeln uns vor, die Dinge seien klar und verständlich, verschließen aber die Augen vor der Komplexität, die uns überfordert. So unterlaufen uns immer wieder gravierende Fehler. Die jüngste Forschung zu komplexem Denken macht uns auf wichtige Fallen aufmerksam. Sie zu kennen hilft, unsere Wahrnehmung zu schärfen und Fehler zu vermeiden.

„Don't keep your minds so open that your brains fall out"

WALTER KOTSCHNIG

KAPITEL 1 – DENKFEHLER

Wie wir uns selbst täuschen

Fehler passieren: Wenn wir abgelenkt sind, müde oder überfordert. Oft ist Stress im Spiel. Oder psychischer Druck. Wir filtern unsere Erinnerungen, blenden aus, was uns wehtut oder in Frage stellt. Wir greifen auf gewagte Interpretationen zurück, auf falsche Annahmen und Vorurteile. So sehr wir uns auch bemühen: Was wir wahrnehmen und denken, ist meist verzerrt – keine gute Grundlage für fundierte Entscheidungen.

Dabei wurde in der Wissenschaft lange das hehre Bild des „Homo oeconomicus" hochgehalten, der rational vorgeht und stets seinen Nutzen maximiert. Wir handeln demnach mit klarem Kopf und fragen: Was springt da für mich heraus? Dass die Welt komplexer ist, sagt uns nicht nur der gesunde Menschenverstand. Auch Forscher haben sich längst von diesem allzu simplen Modell verabschiedet. Sie lenken den Blick heute stärker auf unsere Intuitionen und Instinkte, auf den „Homo irrationalis": Die Komplexität der Welt verlangt nach einem tiefgründigeren Modell.

Der Begriff des „Homo oeconomicus", den der irische Dichter und Historiker John Kells Ingram erstmals 1888 prägte, als er vom „economic man" schrieb, entfaltet ein Jahrhundert später ungeahnte Relevanz, allerdings in einer überraschenden Bedeutung, die uns erst Psychologen und Hirnforscher erschlossen haben: Der Mensch geht tatsächlich äußerst ökonomisch vor – im Umgang mit einer seiner knappsten Ressourcen: Das Gehirn ist ein Meister der Ökonomie und beschränkt sich bei der Wahrnehmung und dem Denken auf das Nötigste. So souverän wir auch bei eingeübten Abläufen wirken, etwa beim Autofahren, wenn wir unendlich viele Informationen in schneller Zeit verarbeiten, so rasch geraten wir an unsere Grenzen, wenn wir auf Unbekanntes stoßen. Und das passiert uns ständig.

Altes Gehirn, neue Aufgaben

Wann immer sich die Gelegenheit bietet, unterdrückt das Gehirn Wahrnehmungen und verdrängt Gedanken, um Ressourcen zu sparen. Es ist eine Überlebensstrategie: Dass wir an unsere Grenzen stoßen, hat viel mit unserer Geschichte zu tun. Die Mechanik des menschlichen Denkens wurde bereits vor Tausenden Jahren entwickelt, um Probleme ad hoc zu bewältigen. „Der menschliche Geist spielte die Rolle des Troubleshooters", erklärt dies der Psychologe Dietrich Dörner. „Es ging um das Feuerholz für den nächsten Winter. Es ging um einen Plan, wie man eine Pferdeherde so treiben könnte, dass sie in eine Schlucht stürzte. Es ging um den Bau von Fallen für ein Mammut." Diese Probleme hätten meist keine über sich selbst hinausgehende Bedeutung gehabt. „Für unsere prähistorischen Vorfahren war es also kaum notwendig, in größeren Zusammenhängen oder über eine Situation hinaus zu denken."

Unsere Vorfahren waren darauf getrimmt, möglichst schonend mit dem Gehirn umzugehen. Alles andere wäre für die Jäger und Sammler zu kompliziert, anstrengend und zeitintensiv gewesen. Blitzschnelles Reagieren war überlebensnotwendig. So kam es zu „mentalen Abkürzungen" und „kognitiven Illusionen": Wir erliegen einer verzerrten Wahrnehmung und Täuschungen, etwa wenn wir aus Erfahrungen fahrlässig auf künftige Ergebnisse schließen oder Risiken falsch einschätzen. Systematisch unterlaufen uns Fehler beim Wahrnehmen, Erinnern, Denken und Urteilen.

Das Gefährliche daran ist, dass wir uns dessen kaum bewusst sind. „Wir fühlen uns so, als säßen wir bequem in unseren Köpfen, schauten durch die gläserne Windschutzscheibe unserer Augen nach draußen und beobachteten die Welt, wie sie ist", hat der Psychologe Daniel Gilbert diese allzu naive Selbsttäuschung beschrieben. „Dabei vergessen wir meist, dass unsere Gehirne talentierte Fälscher sind. Sie weben einen ganzen Wandteppich aus Erinnerungen und Wahrnehmungen mit so überzeugenden Details, dass fast nie erkannt wird, dass sie gar nicht authentisch sind."

Wir sind also weit weniger Herr oder Herrin über unsere Gedanken und Handlungen, als wir glauben. Selbst wenn wir davon überzeugt sind, in einem bestimmten Moment eine bewusste Entscheidung zu treffen, hat unser Gehirn unbewusst längst entschieden – und zwar zum Teil bereits Sekunden (!) zuvor, wie in Experimenten gezeigt werden konnte.

Wir verfügen offenbar über ein „altes Gehirn", das ohne Reflexion denkt und handelt. Es ist schnell, instinktiv und emotional. Der Psychologe und Wirtschaftsnobelpreisträger Daniel Kahneman spricht vom „System 1" – einem intuitiven Denken voller mentaler Abkürzungen und kognitiver Verzerrungen. Daneben tritt unsere Fähigkeit, Dinge bewusst zu durchdenken und Logik anzuwenden. Dieses „System 2" strengt uns an und ist langsamer. Beides macht uns aus, das schnelle und langsame Denken. Allerdings hat das intuitive Denken einen großen Vorsprung: Es zieht sehr viel schneller Schlüsse, lange bevor wir mit unserem logischen Denken in Gang kommen.

So sehr wir also gern daran glauben, dass wir stets klar und logisch denken und zu vernünftigen Entscheidungen kommen, so wenig entspricht dies der Realität. Gerade wenn wir in schwierige Situationen geraten oder riskante Entscheidungen treffen müssen – und das ist gerade bei Unternehmern ständig der Fall –, sollten wir wissen, dass unser „altes Gehirn" auf Hochtouren läuft.

Die Anzahl an Informationen, die wir aufnehmen können, ist begrenzt. Nur einen Teil davon können wir abspeichern, schnell verblassen Erinnerungen. Dies kann im Übrigen auch ein Segen sein: Sonst könnten wir nie Analogien bilden; zu viele Details würden nur stören. Zudem ist es uns kaum möglich, beim Nachdenken Dinge gleichzeitig laufen zu lassen. Multitasking? Keine Chance. Eins nach dem anderen, lautet die Devise beim Wahrnehmen und Denken.

Vergessen
Unsere Fähigkeit, etwas zu vergessen, wird inzwischen als entscheidende menschliche Errungenschaft beschrieben, die es so schwierig macht, künstliche Intelligenz zu entwickeln. Maschinen können nämlich nichts vergessen, wir wohl.

Was also tun? Wir sollten uns über die wichtigsten Fallen klar werden, in die wir immer wieder tappen. Zweifeln Sie noch daran, dass auch Sie Denkfehler machen, so schauen Sie sich die Grafik auf der folgenden Seite an, die der deutsche Psychiater Franz Carl Müller-Lyer (1857–1916) im Jahr 1889 entdeckte. Es handelt sich um zwei horizontale Linien. Eine wird von Winkeln begrenzt, die nach innen zeigen, die andere von Winkeln, deren Spitzen nach außen zeigen: Obwohl beide Linien die gleiche Länge haben – messen Sie gern

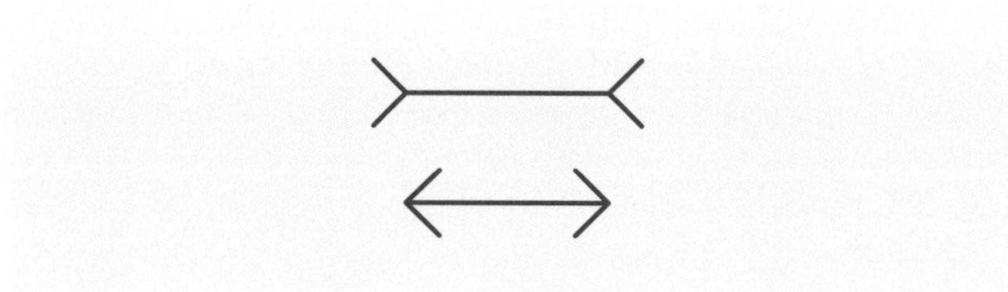

nach –, erscheinen sie den meisten unterschiedlich lang. Wahrscheinlich haben Sie diese Müller-Lyer-Illusion schon einmal gesehen. Sie wissen also, dass es sich um eine Täuschung handelt und beide Linien gleich lang sind. Dieses Wissen ändert aber nichts an Ihrer Wahrnehmung. Sie können sich der Täuschung nicht entziehen. Was wir *wahrnehmen,* stimmt nicht mit dem überein, was wir *wissen.*

Was sich mit dieser Illusion illustrieren lässt, gilt auch für komplexere Denk- und Wahrnehmungsfehler. Aber es gibt Hoffnung: Je stärker wir uns mit unserem eigenen Denken, unserer Wahrnehmung, unseren Urteilen und Entscheidungen befassen, desto größer ist die Wahrscheinlichkeit, dass wir nicht unserem „alten Gehirn", dem intuitiven „System 1", aufsitzen, sondern hin und wieder gegensteuern, also prüfen, ob wir uns täuschen. Es lohnt sich also, sich mit den eigenen Fehlern zu beschäftigen, auch wenn es keine Gewähr dafür gibt, dass wir sie vermeiden können. Psychologe Dörner verwendet dafür den Begriff des „Eunuchenwissens": „Sie wissen, wie es geht, können es aber nicht."

Verschafft man sich einen Überblick über diese Denkfallen, so stößt man auf immer wiederkehrende Phänomene, die sich drei Aspekten zuordnen lassen:

→ **Vereinfachen:** Wir wählen wenige Informationen aus und vereinfachen Sachverhalte. Das spart Zeit bei der Wahrnehmung, bei Analysen und Entscheidungen. Der Nachteil: Wenn wir ein Ziel vor Augen haben, konzentrieren wir uns so sehr darauf, dass wir für alles andere blind werden. Wir blenden aus, was ihm widerspricht.

→ **Auf Linie bringen:** Wir reihen alles aneinander, als gebe es einen unsichtbaren roten Faden, der alles zusammenhält. So schreiben wir die Gegenwart linear in die Zukunft fort. Der Nachteil: Wir verzichten darauf, Zeitabläufe im Detail zu beobachten und verkennen dadurch verborgene Zusammenhänge und Muster. Auch Nebenwirkungen vernachlässigen wir.

→ **Sinn verleihen:** Die Vereinfachung und der rote Faden helfen uns dabei, Informationen so anzuordnen, dass sie ein Ganzes ergeben, eine in sich stimmige, überzeugende Geschichte entstehen lassen, an die wir glauben können. Ob wir wollen oder nicht: Wir stiften damit Sinn, wir können gar nicht anders. Der Nachteil: Oft verwechseln wir Ursache und Wirkung, betonen die Rolle von handelnden Personen zu stark und unterschätzen die Bedeutung schleichender Entwicklungen.

Auswählen, vereinfachen, zu einer Geschichte formen: Warum auch nicht? Weil die Welt komplex ist und so vieles auf uns einprasselt, lassen wir manches einfach weg und picken uns heraus, was gerade passt. Wir ordnen Informationen neu an. Und sind peinlich darauf bedacht, dass alles in sich stimmig ist – mit der Gefahr, dass wir falschliegen und uns täuschen lassen. Dieses Phänomen ist selbst in kritischen Situationen zu beobachten, wenn uns bewusst ist, dass wir uns keinen Fehler erlauben dürfen.

Diese Erkenntnisse sind auch für Unternehmer relevant. Im Folgenden erhalten Sie einen Überblick über die wichtigsten Denk- und Wahrnehmungsfehler. Vielleicht erkennen Sie sich ja wieder?

Fehler beim Wahrnehmen und Denken

Es gibt Dutzende Wahrnehmungs- und Denkfehler, denen sich die Wissenschaft inzwischen widmet, meist in Experimenten mit Probanden. Ich greife hier nur ein paar Phänomene heraus, die auch im unternehmerischen Alltag eine Rolle spielen können. Sie sollen das Bewusstsein dafür schärfen, wie leicht wir uns täuschen lassen und wie wir gegensteuern können.

Wir orientieren uns an Referenzen (Ankereffekt)

Wenn wir mit Zahlen umgehen, also beispielsweise Verhandlungen führen, Preise festlegen oder Kaufentscheidungen treffen, dann lassen wir uns von anderen Zahlen beeinflussen – selbst wenn sie irrelevant sind, also keinerlei inhaltliche Verbindung zur Sache haben. Kognitionspsychologen sprechen von einer Orientierung an „Ankern". Diese können bewusst gesetzt oder zufällig wahrgenommen werden. Auf jeden Fall beeinflussen sie uns, wenn wir Situationen einschätzen und Entscheidungen treffen, ohne dass wir uns dessen bewusst sind. Bahnbrechend in der Forschung zum Ankereffekt waren die Psychologen und Kognitionswissenschaftler Amos Tversky und Daniel Kahneman. In einem ihrer berühmten Experimente zum Ankereffekt kam ein Glücksrad zum Einsatz:

Ankereffekte bei Preisen
Eine hervorragende Einführung in das Management und die Psychologie von Preisen, auch von Ankereffekten, bietet Hermann Simon: „Preisheiten. Alles, was Sie über Preise wissen müssen".

ANKEREFFEKT: DAS GLÜCKSRAD-EXPERIMENT

Die Forscher stellten ein Glücksrad auf und ließen Teilnehmer des Experiments, Studenten aus Oregon, daran drehen. Das Glücksrad war so manipuliert worden, dass sie entweder eine niedrige oder hohe Zufallszahl erhielten, eine 10 oder 65. Anschließend sollten die Probanden Schätzungen abgeben, zum Beispiel wurden sie nach dem Prozentsatz afrikanischer Länder in den Vereinten Nationen gefragt. Die Auswirkungen der Zufallszahlen waren deutlich: Diejenigen mit der 65 gaben viel höhere Schätzungen ab als diejenigen, bei denen das Glücksrad auf der 10 stehen geblieben war. Die mittleren Schätzungen für den Prozentsatz afrikanischer UNO-Staaten für Gruppen mit der Ankerzahl 10 betrug 25. Diejenigen mit der 65 gaben als mittlere Schätzung 45 an.

Solche Ankereffekte können eine wichtige Rolle in Verhandlungen spielen, bei denen die Höhe des ersten Angebots die weiteren Gespräche stark beeinflusst. Oder auch in der Festsetzung von Preisen. Wer sich über die Rolle von Ankereffekten bewusst ist, kann sie eher erkennen – und selbst einsetzen, um Referenzpunkte zu setzen und dadurch Entscheidungen zu beeinflussen.

Wir klammern uns an frühere Entscheidungen (Sunk Cost Effect)

Zwar wissen wir theoretisch, dass die Vergangenheit vergangen ist und frühere Entscheidungen keinen Einfluss auf aktuelle haben sollten, tatsächlich aber handeln wir genauso: Wenn sich herausstellt, dass ein Projekt kaum Aussichten auf Erfolg hat, fällt es uns dennoch schwer, es zu beenden – weil wir ja schon so viel Arbeit und Geld hineingesteckt haben. Und so passiert es immer wieder, dass „gutes Geld" „schlechtem Geld" hinterhergeworfen wird oder Projekte auch ohne Erfolgsaussichten mühsam fortgesetzt werden. Dies passierte auch dem Unternehmer Heinrich Weiss von der SMS Group, der 2009 im Rückblick auf sein Leben eine Entscheidung, die auf solch einem Phänomen basierte, als einen seiner „größten Fehler" beschrieb:

> SUNK COST FALLACY: DER FALL SIEMAG
>
> Heinrich Weiss' Familienunternehmen Siemag, heute die SMS Group, hatte sich lange auf den Bau von Maschinen und Anlagen für die Stahlindustrie konzentriert. In den 1960er-Jahren hatten seine Vorgänger zusätzlich Kunststoffmaschinen in das Produktionsprogramm aufgenommen – ohne Erfolg. In den 1970er-Jahren versuchte Weiss, das Geschäft mit der Übernahme eines etablierten Kunststoffmaschinenherstellers aus der Insolvenzmasse zu professionalisieren. Trotz anfänglicher Erfolge kriselte das Geschäft bald wieder. „Mein größter Fehler war es, zu lange an dem Bereich festgehalten zu haben, der offensichtlich nicht zu uns passte", bekannte Weiss, der das Geschäft schließlich verkaufte, Jahre später. „Es war eine harte Entscheidung – Sorgenkinder wachsen einem bekanntlich ans Herz." („Mein größter Fehler")

Psychologe Kahneman empfiehlt vor diesem Hintergrund eine Übung, die einen vor massiven Fehlern bewahren soll: Man sollte seine Mitarbeiter bitten, sich in die Rolle eines neuen Geschäftsführers zu versetzen. Wie würde diese Person, die ja neu anfängt und deshalb keine emotionale Verbindung zur Vergangenheit hat, entscheiden? Nüchtern würde sie die Arbeit und das Geld, das in das Projekt gesteckt wurde, als versenkte Kosten sehen. So nennen Psychologen diesen Effekt: „Sunk Cost Fallacy". Diese Falle schlägt immer dann zu, wenn wir bereits eine Menge investiert haben: Zeit, Geld oder – in Beziehungen – Energie.

Die Vergangenheit auszublenden ist bei Entscheidungen gar nicht so einfach. Produkteinführungen beispielsweise sind häufig mit hohen Kosten verbunden. Verlaufen die ersten Monate enttäuschend, so sollte man sich bei der Entscheidung, ob man die Einführung stoppt oder nicht, nur am künftigen Potenzial orientieren. Wie viel Geld bereits investiert wurde, ist für die Entscheidung irrelevant – auch wenn wir spüren, dass das Bedürfnis, ein Projekt weiterzuführen, stark ist, wenn wir schon viel investiert haben. Psychologen erklären diese Neigung mit unserem Drang, möglichst konsistent zu erscheinen. Brechen wir ein Projekt ab, so müssen wir auch nach außen hin sichtbar zugeben, falschgelegen zu haben.

Wir lieben, was uns bestätigt (Bestätigungsfehler)

Weitere Fehler unterlaufen uns, weil wir dazu neigen, angesichts einer Fülle an Informationen genau diese zu erinnern, auszuwählen und zu interpretieren, die unsere eigenen Erwartungen erfüllen, uns also bestätigen. Wir versuchen alles, was wir wahrnehmen, mit unseren eigenen Überzeugungen, Theorien und unserer Weltanschauung übereinzubekommen. Wir blenden aus, was nicht passt, unabhängig davon, ob dies inhaltlich angemessen ist oder nicht. Vom britischen Schriftsteller Aldous Huxley (1894–1963), der 1932 in seiner Zukunftsvision „Schöne neue Welt" beschrieb, wie den Menschen im Jahr 2540 das Bedürfnis zum kritischen Nachdenken durch Konsum, Drogen und Sex ausgetrieben wird, stammt der Satz: „Tatsachen hören nicht auf zu existieren, nur weil sie ignoriert werden."

Wir tun es trotzdem – manchmal bewusst, manchmal, ohne dies überhaupt zu bemerken. Der Schweizer Autor und Unternehmer Rolf Dobelli hat dafür ein treffendes Bild gefunden: Es sei nicht so, „dass wir Schutzschilde vor unseren Überzeugungen aufrichten. Es ist eher so, als ob mit einem Schalldämpfer auf uns geschossen würde: Die Schüsse fallen, aber wir hören sie nicht". Die Gefahr besteht beispielsweise darin, in einer Diskussion nur noch diejenigen Argumente wahrzunehmen, die die eigene Position stützen – und damit wichtige andere Punkte außer Acht zu lassen. In der Wissenschaft spricht man vom Bestätigungsfehler („Confirmation Bias"). Wir akzeptieren, was unserem Selbstbild entspricht, und filtern alles andere unbewusst aus.

BESTÄTIGUNGSFEHLER: CHEF MACHT KEHRTWENDE
Nach langem Hin und Her und monatelangem Zweifel ringt sich ein Geschäftsführer dazu durch, die Firmenstrategie zu verändern. Es handelt sich um eine regelrechte Kehrtwende. Aber er glaubt daran, dass dies der richtige Weg ist. In dem Moment, in dem er sich dazu durchgerungen hat, schaut er mit Argusaugen auf die kleinsten Anzeichen, die die Richtigkeit seiner Entscheidung bestätigen könnten. Jedes positive Zeichen wird euphorisch aufgenommen. Und was nicht in das Bild passt, wird gar nicht erst wahrgenommen oder als nicht relevant abgetan. Irgendein Grund lässt sich schon finden, warum gegenteilige Indizien nicht von Bedeutung sind.

Was lässt sich gegen diese Verzerrung tun? Der amerikanische Star-Investor Warren Buffett gab dazu einen Hinweis, als er im Sommer 2001 im Sun Valley vor Managern sprach. Er empfahl, sich an Charles Darwin zu orientieren, einem „smarten Mann", dem es gelungen sei, wohl das Härteste zu schaffen, was man in dieser Welt erreichen könne: seine eigenen Überzeugungen systematisch in Frage zu stellen. Buffett sagte in seiner Rede: „Charles Darwin pflegte zu sagen, er fühle sich dazu verpflichtet, neue Entdeckungen, auf die er stieß und die seiner eigenen lieb gewonnenen Auffassung widersprachen, innerhalb von 30 Minuten aufzuschreiben. Andernfalls werde sein Gehirn diese widersprechenden Informationen verwerfen – so wie der Körper Transplantate abstoße. Menschen neigen dazu, an ihren eigenen Überzeugungen festzuhalten, vor allem wenn sie durch jüngste Erfahrungen untermauert werden."

Warren Buffetts historischer Schlenker ist nichts anderes als eine eindringliche Warnung vor dem tückischen „Confirmation Bias". Weil wir so darauf erpicht sind, uns selbst zu bestätigen, ist es so wichtig dagegenzuhalten – so wie es Charles Darwin mit seinem Notizbuch tat, das er stets bei sich führte. Der Forscher war nicht darauf bedacht, seine Theorie zu bestätigen, sondern suchte bewusst nach Indizien, um sie zu widerlegen – und sie dann weiterzuentwickeln. Sein Gehirn, das die Widersprüche so gern vergessen hätte, trickste er damit aus. Was Darwin konnte, das können Sie auch.

Wir schreiben die Gegenwart fort (Extrapolation)

Länge mal Höhe mal Breite – solche Dimensionen beherrschen wir. Flächen und Räume können wir uns gut vorstellen. Schwieriger wird es, wenn wir uns zeitliche Abläufe vergegenwärtigen sollen. Im Nu verlassen wir dann sicheres Terrain, in dem wir uns auskennen und wo uns unsere Intuition nicht im Stich lässt. Wir geraten ins Schwimmen und greifen auf fragwürdige „Mechanismen" zurück.

Meist verlängern wir Momente aus der Gegenwart entlang des roten Fadens, den wir schätzen gelernt haben, linear in die Zukunft und berücksichtigen nicht, dass sich sowohl Richtung als auch Geschwindigkeit einer Entwicklung verändern können. Dies war auch Ende des 19. Jahrhunderts so, als Kutschen mit einem Mal Konkurrenz bekamen. „Die ersten Autos waren Pferdewagen ohne Pferde", schreibt der Psychologe Dörner. „Anders waren sie anscheinend zunächst nicht vorstellbar." Wir können uns eine Zukunft mit strukturellen Brüchen kaum vorstellen. Und so schreiben wir die Gegenwart zeitlich einfach fort und nehmen zum Ausgangspunkt jene aktuellen Ereignisse oder Entwicklungen, die uns gerade besonders stark beschäftigen, uns ärgern oder freuen. Dies birgt die Gefahr, den aktuellen Umständen eine zu große Bedeutung beizumessen, schleichende Entwicklungen zu vernachlässigen und Änderungen der Richtung oder Geschwindigkeit außer Acht zu lassen.

So lässt sich auch erklären, warum wir immer wieder von „katastrophalen" oder „phänomenalen" Entwicklungen „überrascht" werden. „Plötzlich" erscheinen uns diese Entwicklungen nur deshalb, weil wir blind waren für das, was sich tatsächlich im für uns Verborgenen tat: Wir hatten unseren Blick auf etwas anderes gerichtet und bemerkten nicht, wie sich eine Entwicklung anbahnte.

In der Wissenschaft wird die Neigung, einen Trend weiterzuschreiben, ihn zu extrapolieren, ohne ihn zu hinterfragen, als Truthahn-Illusion beschrieben. In seinem Bestseller „Der schwarze Schwan" erzählte der Essayist und ehemalige Börsenhändler Nassim Nicholas Taleb im Jahr 2007 diese Geschichte:

Induktionsproblem
Der Essayist Nassim Nicholas Taleb greift mit der Truthahn-Illusion Gedanken des schottischen Philosophen David Hume (1711–1776) auf, der gefragt hatte, warum es nicht möglich sei, von vergangenen Ereignissen auf die Zukunft zu schließen. Woher sollen wir sicher wissen, dass die Sonne aufgeht, nur weil dies bislang so war? Wie können wir aus Erfahrungen Schlüsse ziehen, die über diese hinausgehen?

> TRUTHAHN-ILLUSION: FATALER IRRTUM
> Ein Truthahn ist guter Dinge, weil er jeden Tag gefüttert wird. Jede einzelne Fütterung stärkt die Überzeugung des Vogels, dass es die Grundregel des Lebens ist, jeden Tag von freundlichen Mitgliedern der menschlichen Rasse gefüttert zu werden. Er fühlt sich immer sicherer – obwohl die Schlachtung immer näher rückt. Dann, kurz vor dem Erntedankfest, widerfährt ihm das Unerwartete: Er wird geschlachtet.

Je länger ein Trend andauert, desto selbstsicherer wähnt man sich auf der richtigen Spur. Just in dem Augenblick, in dem der Trend abbricht, ist das empfundene Sicherheitsgefühl am größten. Der Truthahn war auf die Vergangenheit hereingefallen.

Der Psychologe Gerd Gigerenzer hat darauf hingewiesen, dass wir schnell der Illusion erliegen, ein Risiko kalkulieren zu können. Dies geschieht auch dem Truthahn. Ihm war ein wesentliches Risiko entgangen: nämlich dass Truthähne am Erntedankfest traditionell geschlachtet werden. Verwechselt werden berechenbare Risiken mit Ungewissheit. Auch uns passiert dies immer wieder. Zu glauben, man kenne alle Risiken, sei eine Illusion, warnt Gigerenzer. Dies gilt auch für unternehmerische Entscheidungen. Auch hier besteht die Gefahr, dass das vermeintliche Wissen über bekannte Risiken eine „Illusion der Gewissheit" erzeugt. Doch Gewissheit gibt es nicht. Gerade Unternehmer erfahren immer wieder, dass es in einer komplexen, nicht berechenbaren Welt voller Wechselwirkungen zu Überraschungen kommt. Umso wichtiger ist es, den Blick zu weiten und nicht der Truthahn-Illusion zu erliegen.

Dass solche Fehleinschätzungen auch Unternehmern unterlaufen, zeigt das Beispiel des mittelständischen Getriebeherstellers

„Tatsachen hören nicht auf zu existieren, nur weil sie ignoriert werden“

ALDOUS HUXLEY

Wittenstein aus dem fränkischen Igersheim. In einem Rückblick auf seinen größten unternehmerischen Fehler beschreibt der langjährige Vorstandschef Manfred Wittenstein, wie er sich dazu verleiten ließ, sein bis dahin erfolgreiches Geschäftsmodell unreflektiert in die Zukunft fortzuschreiben. Jahrelang hatte er drei großen Herstellern von Servomotoren Getriebe geliefert. Aufgrund der hohen Stückzahlen lohnte es sich für den Unternehmer, spezielle Gussgehäuse zu produzieren, die an die jeweiligen Motorenmodelle angepasst waren. Wie der Truthahn wähnte er sich in Sicherheit. Das ging nicht gut. 2012 beschrieb Manfred Wittenstein diesen Fehler:

PFADABHÄNGIGKEIT IM DENKEN: DER FALL WITTENSTEIN

„Rasch kamen immer mehr Hersteller von Servomotoren auf den Markt. Wir witterten dicke Geschäfte und produzierten eine Unmenge verschiedener Gussgehäuse – für Geschäfte, die dann doch nicht kamen. Die Ware stapelte sich in unseren Lagern. Das Ende vom Lied waren massive Abschreibungen und Verschrottungen, versenkte Kosten, ein existenzbedrohendes Abschmelzen unseres Eigenkapitals um die Hälfte! Das ganze wirtschaftliche Ausmaß wurde für uns erst bei der Bilanzaufstellung sichtbar, da stand uns das Wasser wirklich bis zum Hals. Die technische Lösung bestand schließlich in der Entwicklung einer maximal standardisierten, aber dennoch hinreichend flexiblen Adapterplatte als Verbindungselement zu den Kundenprodukten, zudem deutlich kostengünstiger. Es gelang uns gerade noch rechtzeitig, das Steuer herumzureißen, wir fuhren ein Jahr später wieder in die Gewinnzone. Rückblickend waren Pfadabhängigkeiten im Denken und mangelnde Achtsamkeit dafür verantwortlich, dass wir mit einer falschen technologischen Lösung einen sich dynamisch entwickelnden Markt bedienen wollten.“ („Mein größter Fehler“)

Wir verfallen Geschichten (Narrative Verzerrung)

Ein weiterer Fehler entsteht durch unsere Sucht nach Geschichten. Wir haben einen großen Drang, das, was wir wahrnehmen und erleben, in eine Geschichte zu packen, in der eins nach dem anderen folgt und Ursachen nachvollziehbare Wirkungen haben. Geschichten zu erzählen ist nichts anderes, als Sinn zu stiften. Kahneman nennt das Gehirn ein „sinnstiftendes Organ". Dabei spielt es keine Rolle, ob es sich um Banalitäten oder existenzielle Fragen handelt. Hören wir beispielsweise beiläufig ein Geräusch, so ist unser Gehirn im Nu damit beschäftigt, dies einzuordnen: Wurde da gerade eine Tür geknallt? Oder was war das? Sind wir mitten in einer hitzigen Auseinandersetzung mit einem Geschäftspartner, so läuft unser Gehirn ebenfalls auf Hochtouren: Jeder Satz, jede Mimik, jede Nuance in der Stimme wird eingeordnet. Sinneseindrücke verwandeln sich in Sinn. Was wir wahrnehmen, muss einen Sinn ergeben. Wir können gar nicht anders.

Haben wir es mit Menschen zu tun, so versuchen wir, deren Verhalten mit Charaktereigenschaften, besonderen Situationen oder historischen Prägungen zu erklären. In unserem Drang nach einfachen Geschichten greifen wir aus der Unmenge dessen, was wir erleben und wahrnehmen, Ereignisse heraus, die in unser vorgefertigtes Bild passen. Der Essayist Nassim Nicholas Taleb spricht von einem „narrativen Fehlschluss" („Narrative Fallacy").

Kahneman weist darauf hin, dass wir nur aus den Elementen, die uns gerade zur Verfügung stehen, Neues konstruieren. Dies umschreibt er mit seiner WYSIATI-Formel: „What you see is all there is", also „Nur was du siehst, ist vorhanden". Anders ausgedrückt: Bei Entscheidungen werden lediglich die aktuell verfügbaren Informationen berücksichtigt, also immer nur ein kleiner Ausschnitt. „Wir können einfach nicht anders, als mit den beschränkten Informationen, die wir besitzen, so zu verfahren, als wären sie alles, was man über das Thema wissen kann", erläutert Kahneman. „Aus den uns verfügbaren Informationen konstruieren wir die bestmögliche Geschichte, und wenn es eine gute Geschichte ist, glauben wir sie."

Ein kurzes Beispiel: Warum Claus Hipp in Deutschland so bekannt ist, liegt nicht nur an dem einprägsamen Slogan „Dafür stehe ich mit meinem Namen!", der sich ganzen Generationen eingeprägt hat. Die Glaubwürdigkeit speist sich auch aus der Geschichte des Familienunternehmens – und die lässt sich, so wie wir es einmal für eine impulse-Titelgeschichte gemacht haben, in wenigen Sätzen zusammenfassen:

NARRATIVE VERZERRUNG: STORYTELLING-BEISPIEL HIPP
„Bauern schimpfen, Politiker motzen, die Industrie droht. Doch Georg Hipp bleibt stur. Er stellt den Familienbetrieb auf ökologischen Landbau um – 1956. Heute ist Bio-Babynahrung absoluter Standard.“ (impulse 05/2015)

Es ist eine Geschichte mit einem Helden („Georg Hipp“, Claus Hipps Vater), der jemand Besonderes ist, weil er sich sehr viel früher als alle anderen („1956“) gegen Widerstand („motzen“, „drohen“) mit dem, woran er glaubt („ökologischer Landbau“), durchsetzt („bleibt stur“) und damit einen grandiosen Erfolg erzielt („heute … absoluter Standard“).

Stimmt diese Geschichte? Ja, wahrscheinlich. Sicherlich könnte man aber auch unzählige andere Details herauspicken und eine ganz andere Geschichte erzählen. Aber so, wie die Geschichte in wenigen Sätzen formuliert ist, entfaltet sie einen Sog, dem man sich kaum entziehen kann.

Eine gute Geschichte ist eine geschlossene Geschichte: mit Anfang und Ende und einem Verlauf, den wir nachvollziehen können. Zu viele Informationen, die sich womöglich auch noch widersprechen, erschweren es uns, eine stimmige Geschichte zu erzählen. Auch deshalb blenden wir gern aus, was nicht ins Bild passt. Dass wir dabei vereinfachen, verdrehen oder verzerren, nehmen wir in Kauf. So können wir die Welt geordneter, einfacher, vorhersagbarer und kohärenter sehen, als sie tatsächlich ist. Wir überbewerten die Rolle von Können, eigenen Entscheidungen oder einzelnen Ereignissen und unterschätzen die unsichtbaren Effekte und Wechselwirkungen, die gar nicht in unser Blickfeld geraten.

Wir sind auf Menschen fixiert (Attributionsfehler)

Geschichten brauchen Gesichter. Ohne Akteure gibt es keine Geschichten. Und so wird unsere Sucht nach Geschichten auch dadurch genährt, dass wir immer auf Menschen – ihre Persönlichkeit und ihre Eigenschaften – starren, wenn wir versuchen, uns ein Bild von der Welt zu machen, wenn wir beobachtetes Verhalten und Veränderungen verstehen wollen. Psychologen sprechen vom „fundamentalen Attributionsfehler" („Fundamental Attribution Error"): Wenn wir nach einer Erklärung für ein Verhalten suchen, überschätzen wir systematisch den Einfluss feststehender Charaktereigenschaften und unterschätzen die Rolle von äußeren Faktoren, also von Situationen, die sich verändern.

Aus diesem Grund sind wir schnell dabei, den Erfolg eines Unternehmens mit dem Chef an der Spitze in Verbindung zu bringen – selbst wenn wir ahnen, dass die Performance der Firma mit jemand anderem in der Verantwortung vielleicht genauso gut gewesen wäre. Oder wissen, dass die Firma in erster Linie von der guten Konjunktur profitiert. Oder von neuen gesetzlichen Rahmenbedingungen. Was wir im Sport erleben – dass Trainer ersetzt werden, wenn die Mannschaft immer wieder verliert – passiert auch in der Wirtschaft.

Wir lieben Heiligenscheine oder Teufelshörner (Halo-Effekt)

Auch der sogenannte Halo-Effekt kommt häufig zum Tragen. Halo ist der englische Begriff für Heiligenschein. Der Effekt sorgt ebenfalls dafür, dass alles möglichst einfach und kohärent erscheint. Wir neigen dazu, von bekannten Eigenschaften einer Person auf unbekannte Eigenschaften zu schließen. Wie ein Heiligenschein strahlt ein einzelner Aspekt so stark, dass wir unbewusst auf das Gesamtbild schließen – und unser Blick auf das wahre Bild getrübt wird.

Angenommen Person A weiß, dass Person B reich ist, und Person A hat die Erfahrung gemacht, dass reiche Menschen geizig sind, dann wird A annehmen, dass B geizig ist – obwohl es überhaupt keinen Hinweis darauf gibt. Dennoch schließt man von einer bekannten auf eine unbekannte Eigenschaft. Dabei kann es – positiv verzerrt – zum Halo-Effekt kommen. Der gleiche Effekt tritt bei einer negativen Verzerrung ein, dann kommt es zum „Teufelshörner-Effekt"; manche sprechen vom „Mistgabel-Effekt".

HALO-EFFEKT: GEFÄHRLICHE SYMPATHIE

Ein Unternehmer empfindet Sympathie für einen Geschäftspartner, den er kürzlich kennengelernt hat und mit dem er vielleicht eine größere Zusammenarbeit starten will. Dem Unternehmer sind zudem generell Menschen sympathisch, die ein hohes Maß an Fairness an den Tag legen. In diesem Fall kommt der Halo-Effekt zum Tragen: Der Unternehmer wird annehmen, dass der sympathische Geschäftspartner auch fair ist, selbst wenn es dafür keinen einzigen Hinweis gibt.

Der Halo-Effekt sorgt auch dafür, dass wir kausale Beziehungen umdrehen und „Erkenntnisillusionen" erliegen: So neigen wir zu der Auffassung, dass Unternehmen scheitern, weil ihr Chef zu unbeweglich ist. Dabei ist es sehr viel wahrscheinlicher, dass es sich genau umgekehrt verhält: Die Führungsspitze erscheint nur deshalb als unbeweglich, weil die Geschäfte der Firma schlecht laufen. Der gleiche Mechanismus greift in der Regel auch im umgekehrten Fall: Ist es einem Unternehmen gelungen, eine Zeit lang hochprofitabel zu sein, so nehmen wir gern fälschlicherweise an, dass es in allen Bereichen exzellent sein muss, beispielsweise im Vertrieb, im Marketing oder in der Personalführung. Auch hier kommt der Halo-Effekt zum Tragen. Möglicherweise hatte das Unternehmen aber einfach nur Glück mit dem Timing.

Wir gewichten Aktuelles zu stark

Wenn wir Entscheidungen treffen, tendieren wir dazu, aktuelle Probleme so stark zu gewichten, dass zurückliegende Aspekte oder künftige Entwicklungen ausgeblendet oder kaum berücksichtigt werden. Dadurch unterlaufen uns gravierende Fehler. Dörner spricht bei diesem Phänomen von der „Überwertigkeit des aktuellen Motivs". Natürlich ist es verständlich, dass wir uns zunächst um das kümmern, was drängt, und nicht um das (noch) Unsichtbare. Aber dies kann gefährlich sein, gerade in komplexen, dynamischen Situationen, in denen zahlreiche Neben- und Fernwirkungen auftreten. „Wenn man sich um die Probleme, die man nicht hat, nicht kümmert, dann hat man sie bald", warnt Dörner.

Wie aber kann man dieser Gefahr entrinnen? Der Psychologe empfiehlt, „dass man immer dann, wenn man die Lösung eines Problems in Angriff nimmt, auch an diejenigen Merkmale der Situation denkt, die man *beibehalten* möchte". Dieser Blick könne verhindern, dass man mit einer Lösung mehrere neue Probleme schaffe.

Wir verzerren die Vergangenheit (Rückschaufehler)

Wir sind nicht nur Meister darin, Aktuelles zu stark zu gewichten, sondern haben auch Schwierigkeiten, frühere Überzeugungen oder Wissensstände, die sich gewandelt haben, überhaupt zu rekonstruieren. „Sobald man sich eine neue Sicht der Welt (oder eines Teils von ihr) zu eigen macht, verliert man sofort einen Großteil seiner Fähigkeit, sich an das zu erinnern, was man glaubte, ehe man seine Einstellung änderte", haben Kahneman und andere Psychologen in Experimenten nachgewiesen. Dieser „Rückschau-Fehler" führt dazu, dass wir dazu neigen, „die Geschichte der eigenen Überzeugungen im Lichte der tatsächlichen Ereignisse umzuschreiben".

Ob wir wollen oder nicht – wir neigen dazu, uns zu schonen und uns unterlaufende Fehler wohlwollend zu interpretieren. Vom dänischen Philosophen Søren Kierkegaard (1813–1855) stammt der berühmte Satz, das Leben werde vorwärts gelebt, aber rückwärts verstanden. Wie gut wir darin sind, diese Rückschau in unserem Sinne zu beeinflussen, haben inzwischen Neurobiologen der Stanford University gezeigt. Offenbar dämpfen wir gezielt die Gehirnregion des Hippocampus, die für den Prozess des Bewusstwerdens verantwortlich ist. Dadurch gelingt uns die Verdrängung unerwünschter Erinnerungen an Defizite. Wir vergessen also bewusst Irrtümer und Fehler, um unsere Biografie als Erfolgsgeschichte umdeuten zu können.

Für Unternehmer – und nicht nur für sie – lauert hier eine gefährliche Falle: Denn meist beurteilen wir die Güte einer Entscheidung nicht danach, *wie* wir zu ihr gekommen sind, welche Argumente wir etwa berücksichtigt haben und wie wir dabei vorgegangen sind, sondern schlicht nach dem Ergebnis. Fällt es negativ aus, so schließen wir auf eine schlechte Entscheidung, selbst wenn dies gar nicht der Fall war. Das Gleiche gilt bei einem positiven Ergebnis – so wie im folgenden Fall:

RÜCKSCHAUFEHLER: DER FALL GOLDBECK

Nachdem das Bielefelder Bauunternehmen Goldbeck in den 1990er-Jahren erfolgreich nach Polen, Tschechien und die Slowakei expandiert war, wagte Inhaber Ortwin Goldbeck den Schritt in den französischen Markt – mit dem „Konzept, das sich in Zentraleuropa und in Deutschland bewährt hatte". Die Expansion scheiterte, weil in Frankreich andere Regeln, etwa bei Gewährleistungen oder im Brandschutz, galten und sich die Mentalität stark von der deutschen unterschied. „In all den Jahren hatte bei uns gegolten: Egal, was wir anpacken, wir schaffen das! Dass dies in Frankreich nicht zutraf, war schmerzlich." Erst nach dem Scheitern wurde Goldbeck klar, dass er das Auslandsengagement schlecht vorbereitet und den Markt nicht ausreichend analysiert hatte. Die Firma verlor mehrere Millionen Euro. („Mein größter Fehler")

Rückschaufehler erschweren es uns, Entscheidungen angemessen zu beurteilen – und sind damit eine Fehlerquelle bei künftigen Entscheidungen. Kahneman weist darauf hin, dass solche Fehler „unverantwortlichen Hasardeuren auch unverdiente Belohnungen" bringen könnten, „wie etwa einem General oder einem Unternehmer, die ein aberwitziges Risiko eingingen, das sich auszahlte. Führungspersonen, die Glück haben, werden nicht dafür bestraft, dass sie zu hohe Risiken eingegangen sind. Stattdessen glaubt man, sie hätten das Gespür und den Weitblick besessen, um den Erfolg vorherzusehen, und die vernünftigen Leute, die an ihnen zweifelten, werden im Rückblick als mittelmäßig, scheu und schwach beurteilt".

Schnell lassen wir uns also dazu verführen, ein paar erfolgreiche Entscheidungen rückblickend als weitsichtig oder kühn zu betrachten und nicht als fragwürdige Wagnisse, die glücklicherweise gut ausgegangen sind. Dieser Verzerrung in der Wahrnehmung erliegen Unternehmer immer wieder, wenn sie bei Entscheidungen ihre eigene Rolle überschätzen. Gute Ergebnisse auf einzelne Entscheidungen oder Menschen zurückzuführen ist keineswegs selbstverständlich, meist sogar verkürzend oder unzulässig.

Meist unterschätzen wir dabei die Rolle von Glück oder Zufall – auch weil wir süchtig sind nach packenden Geschichten, die Ord-

„Der größte aller Fehler besteht darin, sich keines solchen bewusst zu sein“

THOMAS CARLYLE

nung in die komplexe Welt bringen: Es geht um Aufstieg und Fall, Sieg und Niederlage. Und natürlich hilft es dabei, wenn sich vermeintlich eindeutige Ursachen identifizieren lassen. Weil wir der Illusion erliegen, die Vergangenheit verstanden zu haben, tappen wir direkt in die nächste Falle, wie Kahneman warnt: Wir glauben erkennen zu können, was in der Zukunft passieren wird. Dabei sei die Erkennbarkeit der Welt viel kleiner, als wir uns dies wünschen würden.

Wie wir uns zu schützen versuchen

Schon die Skizzierung beispielhafter Denkfehler zeigt: Es ist keineswegs so einfach, „Denken“ zu isolieren. Warum? Weil Denken immer mit Werten, Gefühlen, Motivationen und Zielen verwoben ist – mit dem, was wir fühlen und was wir uns wünschen. Werden wir beispielsweise nicht mit einem Problem fertig, so lässt uns dies nicht kalt, sondern ärgert uns. Dies wiederum wirkt sich auf unser Denken aus – meist nicht positiv.

Egal, wie detailliert wir uns mit einzelnen Fehlern auseinandersetzen – im Hintergrund wirkt eine Triebkraft, die immer wieder zur Geltung kommt: unser Verlangen danach, uns selbst zu schützen. Wir tun alles, um ein positives Selbstbild zu bewahren. Dazu gehört unsere vermeintliche Kompetenz und unsere Handlungsfähigkeit. Ohne den Glauben daran, dass wir etwas erreichen und spürbar verändern können, würden wir uns wahrscheinlich gar nicht mehr aufraffen, irgendetwas zu tun. Unsere Motivation wäre dahin. Wir würden uns resigniert unserem Schicksal ergeben.

Unser Drang, uns selbst zu schützen und zu bestätigen, ist so groß, dass wir jede Chance ergreifen, unserem Ego etwas Gutes zu tun. Und so lassen wir es zu, dass wir äußerst ambitionierte Ziele, von denen wir nicht wissen, ob wir sie erreichen können, aus den Augen verlieren, abschweifen und kurzerhand einfachere Ziele ansteuern. Dies ist für uns „ein Akt des Selbstschutzes“, wie der Psychologe Dörner schreibt. Nur so erhalten wir uns „ein Minimum an Handlungsfähigkeit“. Das Gefühl, alles im Griff zu haben, beruhigt uns – gerade wenn uns die Welt komplex erscheint und wir in der unüberschaubaren Flut an Informationen und Abhängigkeiten unterzugehen fürchten.

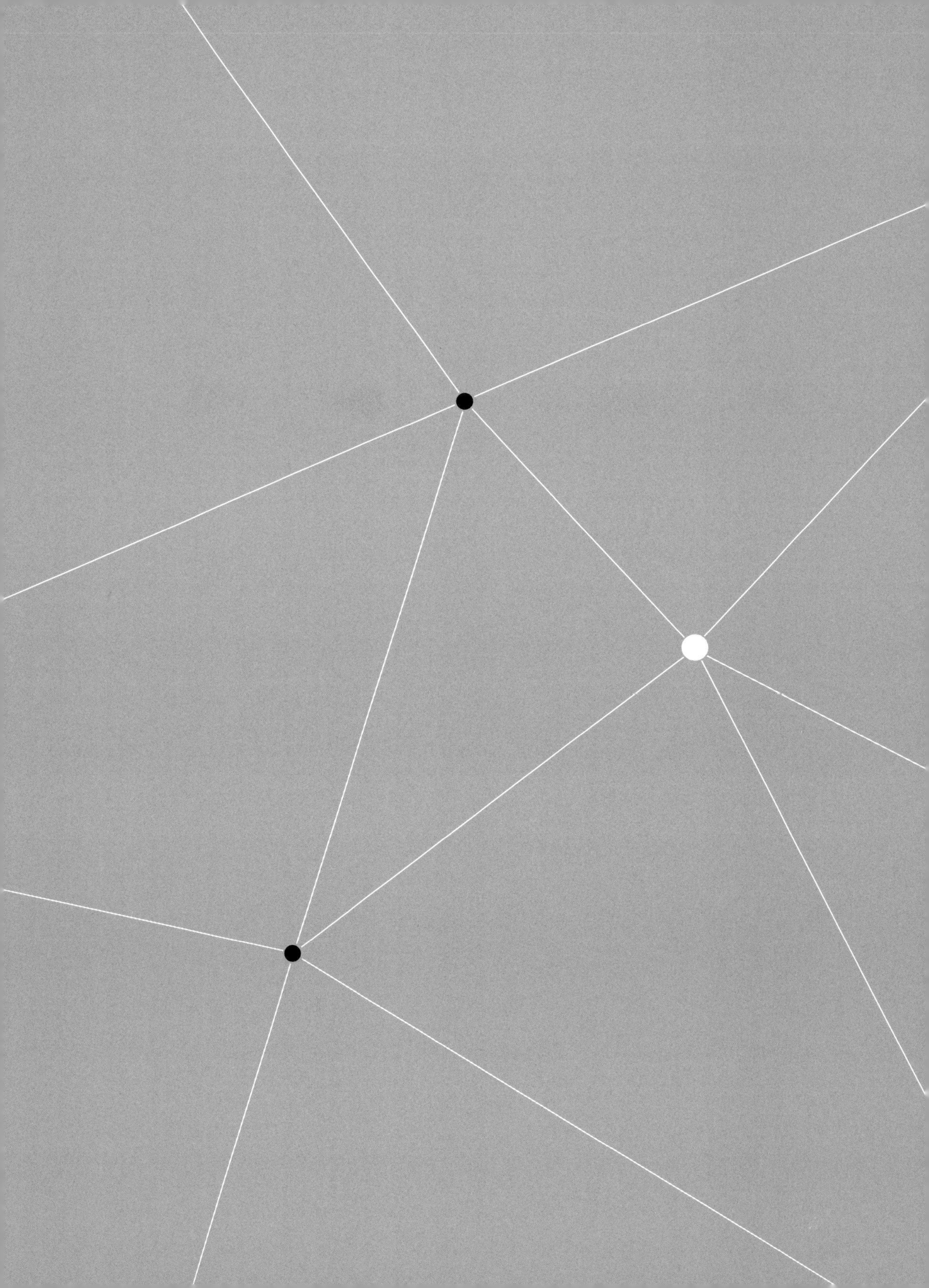

KAPITEL 2 – SÜNDENBOCK

Warum wir nach Schuldigen suchen

Unser Wahrnehmen, Denken und Entscheiden wird geprägt von einer verborgenen Kraft: dem Drang, unser positives Selbstbild zu schützen. Deshalb sonnen wir uns in Erfolgen und grenzen uns von Fehlern ab, für die wir andere oder äußere Umstände verantwortlich machen. Schuldzuweisungen geben uns das Gefühl, die Situation im Griff zu haben. Dabei vereinfachen wir damit die Realität, vergeben die Chance, tiefere Ursachen zu entdecken, und stoßen andere vor den Kopf.

„Warum siehst du den Splitter im Auge deines Bruders, aber den Balken in deinem Auge bemerkst du nicht?“

MATTHÄUS-EVANGELIUM

KAPITEL 2 – SÜNDENBOCK

Warum wir nach Schuldigen suchen

Wenn es darum geht, uns selbst zu schützen, entwickeln wir erstaunliche Fähigkeiten: Wir verzerren wie die Weltmeister, wir nehmen präzise wahr, was uns gefällt, und blenden gekonnt aus, was uns stört – alles, was nicht in das vertraute Bild passt. Auch wenn wir hin und wieder stutzig werden und uns verstohlen dabei beobachten, wie wir wieder einmal in abstrakte Gedanken flüchten, wenn allzu reale Probleme überhandnehmen oder wir schwierigen Entscheidungen gekonnt aus dem Weg gehen – selbst dann machen wir meist stoisch weiter. Zu stark ist unser Drang, nicht in der steigenden Flut unzähliger Informationen und vielfältiger Reize zu versinken. Gern verzichten wir darauf, ständig mit unseren Grenzen konfrontiert zu werden. Und so arrangieren wir uns mit einer komplexen Welt.

Bis zu einem bestimmten Grad mag dieses Spiel mit Illusionen und Kopfgeburten gut gehen. Aber diese mentalen Kunststücke haben Grenzen. Wer sich als Unternehmer im Wettbewerb behaupten muss, weiß das. Spätestens wenn Fehlentscheidungen katastrophale Folgen nach sich ziehen, vielleicht sogar die Firma ruinieren, fällt es schwer, einfach weiterzumachen. Dann kommen die bohrenden Fragen, die einen nicht mehr loslassen und das Zeug haben, unser Weltbild, unser Denken und unsere Wahrnehmung zu erschüttern.

Aber machen wir uns nichts vor: Wir haben uns an den Selbstbetrug gewöhnt, wir können kaum anders. Selbst bittere Niederlagen deuten wir liebend gern in Siege um. Dass einmal etwas schiefläuft und uns Fehler unterlaufen, lassen wir uns meist noch durchgehen.

Grundlegende Zweifel aber, die ans Eingemachte gehen und den Kern unserer Existenz berühren, lehnen wir ab. Wir tun alles, um solche Gedanken und Gefühle zu unterdrücken. Nichts soll unser – positives – Selbstbild zerstören.

Man kann die Art und Weise, wie wir agieren, auch als großes Verteidigungsmanöver beschreiben: Mit allem, was uns zur Verfügung steht, versuchen wir, unser Selbstbild zu schützen – und zwar vor Angriffen von innen und außen. Psychologen haben dieses Phänomen als „selbstwertdienliche Verzerrung" („Self-Serving Bias") beschrieben: Wir neigen dazu, eigene Erfolge eher *inneren* Ursachen zuzuschreiben, also eigenen Fähigkeiten und Fertigkeiten, und Misserfolge auf *äußere* Ursachen zu schieben, also auf unkontrollierbare Umstände, spezielle Situationen oder Zufälle. Hauptsache, wir selbst sind nicht verantwortlich – und müssen uns nicht in Frage stellen.

Durch solch eine Verzerrung tragen wir dazu bei, unser positives Selbstbild aufrechtzuerhalten. Und wir sorgen dafür, dass wir auch nach außen hin in einem guten Licht erscheinen. Beides ist für unsere Psyche wichtig, beides fühlt sich gut an.

Verstärkt wird diese Verzerrung zu eigenen Gunsten durch ein weiteres Phänomen: den „Akteur-Beobachter-Effekt". Während man das eigene Verhalten meist mit der jeweiligen *Situation* erklärt, die man als Akteur mit Haut und Haar miterlebt, greifen wir bei Menschen, die wir beobachten, zu anderen Erklärungsmustern. Wir schreiben ihr Verhalten *persönlichen Faktoren* zu.

SELF-SERVING BIAS: SCHULD SIND DIE ANDEREN

Ein Unternehmen befindet sich in einer schweren Krise. Die Führungsriege ist davon überzeugt, dass der Misserfolg insbesondere zwei Ursachen hat: das mangelnde Engagement der eigenen Mitarbeiter und die Aggressivität, mit der neue Wettbewerber in den Markt eindringen und ihnen Kunden abspenstig machen. In der Wahrnehmung der Mitarbeiter stellt sich die Situation anders dar. Sie glauben, dass sie ihr Bestes gegeben haben. Für sie ist klar, dass die Führungsriege schuld ist; sie habe auf die neuen Wettbewerber viel zu zögerlich reagiert.

Wir sind hervorragend darin, unser positives Selbstbild zu bewahren. Bestätigt wurde dies 2004 durch eine Studie von Wissenschaftlern aus New York: Gescheiterte Unternehmer wurden nach den Ursachen für ihren Misserfolg befragt. Die Mehrheit war überzeugt, es habe an externen Faktoren gelegen. Bei der Befragung von Experten zu den gleichen Fällen kam eine andere Deutung zutage: Danach lag das Scheitern in den meisten Fällen an der Persönlichkeit des Unternehmers, an der Arbeitsauffassung, dem Wissen oder dem Einsatz.

Gerade Unternehmer neigen dazu, sich zu überschätzen und (zu) optimistisch in die Zukunft zu schauen. Psychologen sprechen von „illusorischer Überlegenheit“: Die eigenen Fähigkeiten werden überschätzt, negative Eigenschaften unterschätzt. Dieser Effekt hat nichts mit einer Show zu tun, die wir aufführen, um gegenüber anderen gut dazustehen. Es ist eine von vielen Illusionen, denen wir erliegen. Wir glauben tatsächlich daran.

Zugute kommt uns dabei der Lake-Wobegon-Effekt. Er beschreibt das Phänomen, dass die meisten Menschen – auch das Gros der Unternehmer – bestimmte eigene Fähigkeiten für überdurchschnittlich halten. Die Selbstüberschätzung fällt umso ausgeprägter aus, je weniger leistungsfähig jemand ist. Dieses zweite Phänomen wurde als Dunning-Kruger-Effekt bekannt: Inkompetente Menschen überschätzen sich, tun oft das Falsche, verursachen dadurch Misserfolge, die sie aber kaum wahrnehmen, weil sie das Ausmaß ihrer Inkompetenz nicht erkennen. Stattdessen halten sie sich weiterhin für überlegen.

Lake-Wobegon-Effekt
Den Begriff prägte David Guy Myers, ein Vertreter der Positiven Psychologie, die sich mit den positiven Aspekten der Existenz beschäftigt: mit Glück, Optimismus, individuellen Stärken, Vertrauen und Solidarität. Der Name „Lake Wobegon“ geht auf eine populäre Schilderung des Schriftstellers Garrison Keillor zurück, der in den 1980er-Jahren für eine Radioserie das fiktive Dorf Lake Wobegon erfand. Dort waren „alle Frauen stark, alle Männer gut aussehend und alle Kinder überdurchschnittlich“.

Angriff ist die beste Verteidigung: „Wer ist schuld?“

Der Drang, uns selbst zu bestätigen und gut dazustehen, ist so groß, dass wir wenn nötig doppelte Maßstäbe anlegen. Auch neigen wir dazu, andere in einem schlechteren Licht zu sehen. Damit wenden wir uns dem zweiten großen Arsenal unserer Selbstverteidigung zu: Wir sind nicht nur Meister darin, uns selbst – mit allerlei Illusionen, Verzerrungen und mentalen Abkürzungen – zu täuschen. Wir beherrschen es auch meisterhaft, andere zu attackieren und uns so selbst aus der Schusslinie zu nehmen. Angriff ist bekanntlich die beste Verteidigung.

Äußerst schnell greifen wir zu Schuldzuweisungen, machen andere Menschen oder die Umstände für Fehler verantwortlich. Meist sind es nur wenige Wörter, die ausreichen, um einen Angriff loszutreten: Sätze wie „Wer ist schuld?“ oder „Wer war das?“ reichen völlig aus. Dann müssten eigentlich die Alarmglocken schrillen, egal, wie gravierend die aufgetretenen Fehler auch sein mögen. Aber in den meisten Firmen schrillt gar nichts. Die Frage nach dem Verantwortlichen, nach dem Schuldigen, gehört zum alltäglichen Repertoire unserer Kommunikation. Nach Schuldigen zu fahnden ist uns nicht fremd.

Im Englischen ist die Rede vom „Blame Game“, dem Schuld-Spiel – ein treffender Ausdruck, weil er in Erinnerung ruft, dass es sich um ein Ritual handelt, das fast reflexhaft abläuft. Wir alle spielen dabei meist gern mit, solange wir nicht selbst an den Pranger gestellt werden. Was solch eine Kultur der Schuldzuweisungen bedeutet und wie dieses Ritual typischerweise abläuft, hat ein Mitarbeiter der früheren Republic National Bank of New York einmal auf den Punkt gebracht. Der Psychologe Ben Dattner, der dort einmal als Praktikant arbeitete, erinnerte sich noch Jahre später an einen Zettel an der Wand eines Arbeitsplatzes – mit folgenden „6 Phasen eines Projekts“:

1. Enthusiasmus
2. Enttäuschung
3. Panik
4. Suche nach einem Schuldigen
5. Bestrafung eines Unschuldigen
6. Belohnung für die Nicht-Beteiligten

Pointierter lässt sich das ritualisierte Schuld-Spiel kaum auf den Punkt bringen. Und natürlich ist das „Spiel“ mit Schuldzuweisungen keineswegs harmlos. Wenn Projekte so oder ähnlich ablaufen, geht die Motivation in den Keller, die Kreativität wird erstickt, Mitarbeiter drücken sich vor riskanten Entscheidungen und wagen keine Experimente mehr. Wer Angst haben muss, bei einem Rückschlag an den Pranger gestellt zu werden, wird vorsichtig. In solch einer Atmosphäre lässt sich nicht gut miteinander arbeiten. Menschen spüren schnell, was für eine Kultur in einer Firma herrscht und wie miteinander umgegangen wird. Die Art und Weise, wie man über Fehler spricht und mit ihnen umgeht, zeigt, in was für einem Zustand sich ein Unternehmen befindet: Wird regelmäßig nach Schuldigen gesucht oder sieht man sich als Team gemeinsam in der Verantwortung, wenn etwas schiefläuft?

Dank jüngster Erkenntnisse der Hirnforschung wissen wir heute, dass es zu unserem Drang, Schuldige auszumachen, sogar eine neurobiologische Grundlage gibt, quasi eine programmierte Lust am Bestrafen. Bei höheren Primaten konnte man das Bedürfnis feststellen, andere bei einem Fehlverhalten nicht ungeschoren davonkommen zu lassen. 2004 wiesen Schweizer Forscher nach, dass wir selbst bei einer „altruistischen Bestrafung", also wenn wir selbst gar keinen Schaden davongetragen haben, eine Genugtuung empfinden.

In diesem Fall lässt sich eine erhöhte Gehirnaktivität im dorsalen Striatum, einem Teil des Belohnungszentrums, nachweisen. „Unsere Erkenntnisse stützen die Hypothese, dass Menschen eine Befriedigung aus der Bestrafung von Normverletzungen ziehen", schreiben die Forscher. Je stärker die Bestrafung ausfällt, desto größer wird die Aktivität im Gehirn. Kurz: Wir empfinden positive Gefühle, wenn wir andere bestrafen. Oder: Rache ist süß.

Was uns geprägt hat

Nach Sündenböcken zu suchen ist uralt. Entsprechende Rituale gab es in allen Kulturen. Stets ging es darum, zunächst Schuldige zu identifizieren und dann die Schuld loszuwerden: über die symbolische Vertreibung eines Ziegenbocks, über die öffentliche Bloßstellung – im Mittelalter meist am Pranger – oder über die Verhängung von Sanktionen. Es ist der Versuch, die Welt, die kurzfristig aus den Fugen geraten ist, wieder in Ordnung zu bringen. So fremd uns solche Rituale heute erscheinen mögen – sie sind nicht weit entfernt von dem, was wir selbst Tag für Tag tun. Auch wir neigen dazu, einzelne Personen oder Gruppen für etwas verantwortlich zu machen, selbst wenn dies dem Sachverhalt kaum gerecht wird.

Warum greift das Bedürfnis, jemanden an den Pranger zu stellen, so tief? Weil wir so geprägt worden sind: durch unsere historischen Vorfahren und durch unsere Kindheit. Wie im ersten Kapitel

Sündenbock
Der Begriff stammt aus der Bibel. An Jom Kippur, dem höchsten jüdischen Feiertag, übertrug der Hohepriester die Sünden der Israeliten auf einen Ziegenbock, indem er seine beiden Hände auf dessen Kopf legte. Anschließend sollte der Bock in die Wüste getrieben werden und, wie es im Buch Levitikus heißt, „alle ihre Sünden mit sich in die Einöde tragen" (Lev, 16,22).

„Der größte Fehler des Lebens besteht darin, ständig Angst zu haben, einen zu machen“

ELBERT HUBBARD

dargelegt, verfügen wir über „alte Gehirne". Sie sind darauf getrimmt, wahrzunehmen und zu handeln, ohne groß darüber nachzudenken. Wenn Gefahr drohte, mussten unsere Vorfahren in der Lage sein, unbewusste Entscheidungen zu treffen, Dinge zu vereinfachen und blitzschnell zu reagieren. Wem dies nicht gelang, der starb – und gab seine Gene auch nicht an die nächste Generation weiter. Um zu überleben, durften unsere Vorfahren nicht riskieren, vom eigenen Stamm ausgestoßen zu werden. Nur in der Gruppe konnte man die tödlichen Gefahren überstehen. So erklärt sich, warum es in uns angelegt ist, uns im Zweifel wegzuducken und mit dem Finger auf andere zu zeigen, statt selbst Verantwortung für Fehler zu übernehmen.

Moderner Pranger
2012 verurteilte ein Gericht in Cleveland eine 32-jährige Amerikanerin, die mit ihrem Jeep wiederholt über einen Bürgersteig gerast war, um einen stoppenden Schulbus zu überholen. Das Gericht ordnete neben einer Geldstrafe in Höhe von 250 Dollar an, dass sich die Frau zwei Tage lang mit einem Schild um den Hals an jener Kreuzung, wo sie „schuldig" wurde, aufstellen müsse. Auf dem Schild stand: „Nur ein Idiot fährt auf dem Bürgersteig, um einen Schulbus zu überholen."

Prägung durch unsere Kindheit

Auch wie wir aufgewachsen sind, prägt uns. Gerade die frühe Sozialisation hat einen großen Einfluss darauf, wie wir später mit Anerkennung, Kritik und Schuld umgehen. Als Kind entwickeln wir – vor allem durch Anerkennung und Kritik – einen Sinn für uns selbst, für unseren Platz in der Familie und der Welt. Reaktionen unserer Umwelt helfen uns, ein Bewusstsein unserer selbst herauszubilden.

Es ist tief in uns angelegt, dass wir fair behandelt werden möchten. Wir lechzen nach Lob und Anerkennung und fürchten uns vor Kritik. Schnell fühlen wir uns in unserem Stolz verletzt, wenn wir keine ausreichende Anerkennung für unsere Leistung erfahren. Wir tun alles dafür, um unser eigenes Selbstwertgefühl zu bewahren. Dazu gehört auch, uns vor Kritik zu schützen. „Um unser Ego zu stärken und uns selbst zu schützen, verwenden wir übermäßig viel Zeit und Energie damit, eigennützige, abwehrende Positionen einzunehmen", schreibt der Psychologe Ben Dattner. Wir schenken also der Frage, ob wir ausreichend gelobt oder zu stark kritisiert werden, eine Menge Aufmerksamkeit: „Wir kümmern uns eher um die Stärkung unseres Selbstwertgefühls und sozialen Status, als eine langfristige Perspektive einzunehmen und im Eigeninteresse pragmatisch zu handeln."

Ist man immer wieder starker Kritik ausgesetzt, wird man häufiger zum Sündenbock, so wird man vorsichtig, zieht sich eher zurück und verliert Vertrauen in den guten Willen seiner Umwelt –

und in seine eigenen Fähigkeiten. Dies trifft nicht nur auf Familien, Freundschaften und Partnerschaften zu, sondern auch auf Beziehungen in Unternehmen, zwischen Kollegen und im Verhältnis zum Chef.

Mitarbeiter, die zu Sündenböcken gemacht werden, verlieren irgendwann den Glauben daran, dass sie etwas positiv verändern können. Sie ziehen sich zurück, machen dicht. Psychologen haben nachgewiesen, wie diese Menschen langsam beginnen, die vermeintliche Schuld anzunehmen und sich schließlich sogar selbst beschuldigen. Die Motivation verschwindet, Aktivitäten kommen zum Erliegen. Statt positiv nach vorn zu schauen, macht sich Pessimismus breit. Es ist ein Teufelskreis.

Prägung durch Konstellationen und Erwartungen

Neben der Prägung durch unsere historischen Vorfahren und unsere eigene Sozialisation gibt es einen weiteren wichtigen Faktor, der uns dazu verleitet, nach Schuldigen zu suchen. Wie schon beschrieben, führt der Akteur-Beobachter-Effekt dazu, dass wir das Verhalten von Menschen nicht speziellen Umständen, sondern ihrer Persönlichkeit zuschreiben. Anders als bei uns selbst unterschätzen wir bei anderen die Bedeutung von Situationen und besonderen Konstellationen.

Was andere von uns erwarten, hat einen großen Einfluss auf unser Verhalten. Wir neigen so stark dazu, uns nach den Erwartungen auszurichten, dass Psychologen für dieses Phänomen einen eigenen Begriff geprägt haben, den Pygmalion-Effekt: In Ovids „Metamorphosen“ erschafft der Künstler Pygmalion eine Elfenbeinstatue, die wie eine lebendige Frau aussieht. Bald schon verliebt er sich in sie: „Es weckt sein Werk ihm verlangende Sehnsucht.“ Der Künstler wünscht sich, dass sie ein echter Mensch wäre – und tatsächlich wird ihm dieser Wunsch von den Göttern erfüllt.

1968 erregten der Harvard-Psychologie-Professor Robert Rosenthal und Lenore F. Jacobson, die Leiterin einer Grundschule in San Francisco, mit ihrer Studie „Pygmalion im Klassenzimmer“ international Aufsehen. Lehrern wurde mitgeteilt, dass einige ihrer Schüler besonders intelligent seien – was aber gar nicht stimmte. Sie waren per Zufall ausgewählt worden. Der Effekt war erstaunlich: Tatsächlich zeigten die Schüler anschließend bessere Leistungen und erzielten bessere Noten. Warum? Wegen der positiven Erwartungen. Die Forscher konnten zeigen, dass die Lehrer denjenigen Schülern, von denen sie glaubten, sie seien begabt, mehr Aufmerksamkeit schenkten und sie unterstützten, was dazu beitrug, dass die Schüler die Erwartungen erfüllen konnten.

Auch das Gegenteil traf zu: Wer angeblich leistungsschwach war – das wurde den Lehrern zumindest mitgeteilt –, erreichte anschließend schwächere Noten und erfüllte damit die geringeren Erwartungen. Aber auch sie waren per Zufall ausgewählt worden. In früheren Tests hatten sie bewiesen, dass sie durchaus fähige Schüler waren. Im Ergebnis bedeutet dies: Selbst wenn Erwartungen aus der Luft gegriffen sind, so haben sie doch eine sehr reale Wirkung: Sie können die Realität verändern.

Die starke Verbindung zwischen Erwartungen und tatsächlicher Leistung wirkt auch in Unternehmen. Wenn wir erwarten, dass bestimmte Mitarbeiter eine gute Arbeit leisten, sich also Anerkennung verdienen werden, so steigt die Wahrscheinlichkeit, dass dies auch eintritt. Begegnen wir neuen Mitarbeitern dagegen von vornherein mit großer Skepsis, nehmen wir also an, dass die Neueinsteiger womöglich Kritik auf sich ziehen werden, so greift der gleiche Pygmalion-Effekt: Die Wahrscheinlichkeit ist hoch, dass sich diese Erwartungen tatsächlich erfüllen – weil wir selbst, wenn auch subtil, dazu beitragen. Oft reicht schon ein erster, flüchtiger Eindruck, um positive oder negative Erwartungen entstehen zu lassen.

Projektionen
Ein weiteres Phänomen, das sich um Erwartungen dreht, sind klassische Projektionen. So wie der Körper ein Immunsystem hat, verfügt auch die Psyche über Mechanismen, die für Stabilität sorgen. Dies kommt zum Tragen, wenn wir ein Problem mit psychischen Eigenschaften haben, die wir in uns ablehnen, etwa Aggressionen, Gier oder Neid. Oder wenn es sich um psychische Konflikte, Emotionen oder Wünsche handelt, die im Widerspruch zu eigenen Werten oder gesellschaftlichen Normen stehen. In diesen Fällen kann es sein, dass wir sie bei anderen überdeutlich wahrnehmen und bekämpfen.

Was Schuldzuweisungen auslösen

Der kurze Überblick über Prägungen zeigt, wie schwer es uns fällt, dem Drang zu widerstehen, jemanden zum Sündenbock zu machen. Umso mehr lohnt es sich, auf das zu schauen, was passiert, wenn man jemanden beschuldigt: Zunächst gibt dies einem das Gefühl, alles (wieder) unter Kontrolle zu haben, was in einer komplexen Welt wichtig ist. Dies stärkt die Zuversicht und das Selbstbewusstsein. Indem man einen „Schuldigen“ benennt, bietet man nicht nur eine einfache Erklärung für das an, was geschehen ist, man festigt auch seinen eigenen Status oder seinen Ruf. Man weicht der unangenehmen Situation aus, sich mit den eigentlichen Schwächen auseinan-

„Blame is just a lazy person‘s way of making sense of chaos“

DOUGLAS COUPLAND

dersetzen zu müssen und nimmt sich selbst aus der Schusslinie – womöglich trägt man ja eine Mitverantwortung.

Auch für ein Unternehmen als Ganzes gibt es verführerische Anreize, in der Kommunikation nach außen zu (falschen) Schuldzuweisungen zu greifen: Man erhält auf diese Weise sein Prestige oder seinen Ruf in der Branche, kann sich eventuell die Unterstützung von Investoren oder Geschäftspartnern sichern und stärkt das Selbstwertgefühl des eigenen Teams. Aber: Achten Sie auf die – nicht immer präsenten – Nebenwirkungen dieser Sündenbock-Suche. Zum einen ist man seiner Sache selbst nicht immer ganz sicher, selbst wenn man diese Zweifel für sich behält. Man spürt vielleicht, dass jemand ungerechtfertigter Weise zur Verantwortung gezogen wird. Dies untergräbt auf Dauer die eigene Integrität. Auch erschwert solch ein Vorgehen den Blick auf die wahren Stärken und Schwächen des Teams. Dabei ist gerade eine akkurate Einschätzung der Potenziale und Grenzen wichtig, um sich als Unternehmen erfolgreich weiterentwickeln zu können. Den Fokus auf einzelne Personen zu richten statt auf Beziehungen, Wechselwirkungen und Entwicklungen verschleiert zudem den Blick auf wirksame Hebel für eine Veränderung.

Auch haben solche Schuldzuweisungen verheerende Auswirkungen auf das Team: Wenn bei Fehlern der erste Reflex darin besteht, nach Schuldigen zu suchen, entsteht eine Atmosphäre der Angst. Wer sich so verhält, ermutigt sein Team nicht zu Offenheit im Umgang mit Fehlern, sondern zu einem passiven, abwehrenden Verhalten. Die Mitarbeiter haben Angst vor Fehlern. Es könnte sie selbst treffen: Sie könnten an den Pranger gestellt werden.

Unabhängig von der Stichhaltigkeit der Schuldzuweisung prägen sich die Mitarbeiter ein, künftig nur ja nicht aufzufallen. Warum sollte noch jemand offen über Fehler reden wollen, wenn die Gefahr droht, selbst eines Tages bloßgestellt zu werden? Warum sollte noch jemand bereit sein, Verantwortung für Entscheidungen zu übernehmen, wenn es kein Grundvertrauen gibt, dass man sich sicher fühlen kann – auch wenn einmal etwas schiefgeht?

Vielleicht sollte man sich noch einmal kurz vergegenwärtigen, was passiert, wenn einem Mitarbeiter ein Fehler unterläuft und ihm dies bewusst wird. Wahrscheinlich erschrickt er im ersten

Augenblick, ist verlegen, schämt sich, ärgert sich über sich selbst oder fürchtet Konsequenzen. Für ihn ist es deshalb naheliegend, die eigene Verantwortung zu leugnen, also entweder mit dem Finger auf andere zu zeigen oder auf ungünstige Umstände zu verweisen. Dies ist ein gängiges, allzu menschliches Verhalten, das begünstigt wird, wenn das Umfeld ebenso agiert. Führungskräfte spielen in solchen Situationen eine äußerst wichtige Rolle. Sie sind Vorbild. Ihr Verhalten entscheidet maßgeblich darüber, ob eine offene Atmosphäre entstehen kann, in der produktiv mit Fehlern umgegangen wird.

Einfach ist es nicht, sich auch in schwierigen Situationen angemessen zu verhalten. Nicht jedem gelingt es, ruhig und nüchtern zu reagieren, wenn Fehler auftreten. Schnell kann es passieren, dass der Chef (oder ein Kollege) seinem Ärger Luft macht und zornig wird. Schnell sind Vorwürfe im Raum, vielleicht werden sogar Sanktionen ergriffen. Statt auf die Situation sachlich zu reagieren, werden Aggressionen herausgelassen. Andere schweigen und übergehen den Fehler – aus Ärger oder Resignation, weil das Zutrauen zum Team längst verloren ist.

Keine dieser Reaktionen führt dazu, dass sich etwas zum Positiven verändert. Beide Verhaltensweisen fördern keine offene Kommunikation, sondern stillschweigendes Hinnehmen oder gar aktives Vertuschen von Fehlern. Statt Fehler als Chance zu begreifen, gemeinsam nach Lösungen zu suchen und sich als Team weiterzuentwickeln, wird der schlechte Status quo bewahrt.

Am Umgang mit Fehlern zeigt sich, wie vertrauenswürdig Führungskräfte sind. Es kann der Ruf entstehen, unfair mit Kollegen umzugehen, was sich negativ auf das Engagement – und auf die Performance – auswirken kann. Vertrauen wird schnell verspielt. Je nachdem, wie stark die Verletzungen sind, die einander zugefügt werden, kann es auch zu kontraproduktiven Aktionen kommen, bis hin zur Sabotage. Sinken Motivation und Zufriedenheit, so steigt die Gefahr, dass gute Kollegen das Unternehmen verlassen.

Dem Sündenbock-Reflex zu widerstehen ist nicht leicht. Dies bedeutet, sich einzugestehen, dass es keine einfachen Antworten gibt. Warum war es nicht möglich, den Fehler zu verhindern? Solch eine Frage kann das Vertrauen in die Fähigkeiten des Teams erschüttern, vielleicht auch in die eigenen. Das Selbstbewusstsein leidet, der eigene Stolz wird verletzt, auch die Reputation steht auf dem Spiel. Man muss sich eingestehen, dass einige Annahmen, die man vorausgesetzt hatte, gar nicht stimmen. Auf jeden Fall wird man mit seinen Unzulänglichkeiten, seinen Grenzen konfrontiert. Da wir – wie im ersten Kapitel dargelegt – fast alles dafür tun, uns selbst zu schützen und die Illusion unserer Kompetenz aufrechtzuerhalten, fällt uns dies nicht leicht.

Trotz all dieser Aspekte lohnt es sich, dem Sündenbock-Reflex zu widerstehen. Man gewinnt Respekt und Loyalität des eigenen Teams, auch wächst das Vertrauen, dass fair miteinander umgegangen und offen kommuniziert wird. Das ist wichtig für den Zusammenhalt und fördert die Bereitschaft, unaufgefordert über Missstände zu sprechen, statt sie zu verschweigen oder zu vertuschen. Ohne sich sicher zu fühlen ist solch eine offene Kommunikation nicht möglich. Zudem hilft ein differenzierter Umgang mit Fehlern dabei, die wahren Fähigkeiten, aber auch die Grenzen des Teams im Blick zu behalten und sich auf dieser Grundlage gemeinsam weiterzuentwickeln. Nur wenn eine Organisation sich nichts vorgaukelt, kann sie effizient lernen.

Wer möchte, dass in seinem Unternehmen Vertrauen herrscht, wer eine Atmosphäre schaffen will, in der Kreativität und Experimente möglich sind und Fehler genutzt werden, um eine Firma voranzubringen, kann sich einfache Schuldzuweisungen nicht leisten.

Fahrlässigkeit, Vorsatz und Schuld

Eine Schuldfrage zu stellen ist nicht harmlos. Denn sie unterstellt, dass jemand bewusst in böser Absicht gehandelt hat, was in den seltensten Fällen zutrifft. Nur wenn ein Fehler tatsächlich vorsätzlich geschieht, wäre es angemessen, von Schuld zu reden. Dann müsste jemand allerdings zielgerichtet und absichtlich so handeln, dass Schaden entsteht, was äußerst selten der Fall sein wird.

Schon der griechische Philosoph Aristoteles unterschied zwischen „Fehlern", die einem trotz guter Absicht unterlaufen, und einer „bösen Tat" – eine Unterscheidung, die auch die spätere Fehlerforschung prägte: Schüler machen nicht mit Absicht Fehler, das gilt auch für Mitarbeiter in einem Unternehmen.

Fehlerforschung
„Dummheit, Faulheit und Unaufmerksamkeit" würden meist als Wurzeln von Fehlern gelten, die „den ruhigen Fortgang des Unterrichts in unangenehmer Weise" stören, kritisierte der Pädagoge Hermann Weimer (1872–1942) seine Kollegen und legte 1925 die Studie „Psychologie der Fehler" vor. Damit begründete er die pädagogische Fehlerforschung.

Fließend sind die Übergänge im Falle eines fahrlässigen Handelns. „Fahrlässig handelt, wer die im Verkehr erforderliche Sorgfalt außer Acht lässt", heißt es im Bürgerlichen Gesetzbuch (BGB, § 276, 2) Nach der deutschen Rechtsprechung ist grundsätzlich jeder für sein Verhalten verantwortlich: „Der Schuldner hat Vorsatz und Fahrlässigkeit zu vertreten" (BGB, § 276, 1). Da selbst dem sorgfältigsten Arbeitnehmer einmal ein vermeidbarer Fehler unterlaufen kann, ist die Haftung – abhängig vom Grad der Fahrlässigkeit – aber in der Regel beschränkt. Sonst bestünde das Risiko, sich schon bei einer leichten Unachtsamkeit zu ruinieren. Entscheidend ist also der Grad der Fahrlässigkeit.

Wie aber lassen sich solche Fälle jenseits einer juristischen Betrachtung bewerten? Was ist, wenn jemand schlicht unkonzentriert war und aus diesem Grund ein Fehler passierte? Liegt die Schuld dann bei ihm? Im ersten Moment wird man dies wohl bejahen. Aber so einfach ist das nicht. Warum, könnte man fragen, war er so unkonzentriert? War der Druck zu groß? Warum? Waren die Aufgaben überhaupt in angemessener Zeit zu bewältigen? Wo fangen Nachlässigkeit, Schlampigkeit oder Gedankenlosigkeit an, und an welcher Stelle kommt die Verantwortung des Arbeitgebers ins Spiel? Wo geht es um persönliche Schwächen oder um spezielle Umstände? Sind die Ursachen in einer konkreten Situation zu suchen oder sind sie im System angelegt, also struktureller Natur?

Selbst wenn ein Fehler aus Unerfahrenheit oder Unwissenheit geschieht, stellt sich die Frage, inwieweit der Chef nicht zumindest mitverantwortlich war. Er hat die Mitarbeiter eingestellt, auch unerfahrene Neueinsteiger, und ist für das Umfeld verantwortlich. Hat er sich ausreichend um die Weiterbildung seines Teams gekümmert? Leicht lassen sich solche Fragen nicht beantworten. Sie zeigen aber, wie prekär und voreilig die Suche nach einem Sündenbock meist ist.

Gefährlich vereinfachen

Einfache Schuldzuweisungen, so alltäglich sie auch sein mögen, sind nicht nur unangemessene moralische Urteile, weil sie böse Absicht unterstellen, sondern auch weil sie komplexe Sachverhalte unzulässig vereinfachen. Dabei ist es unerheblich, ob man einen Missstand auf einen Sündenbock abwälzt, äußere Umstände angeblich schuld sind (der Markt, die Politik, das Wetter …) oder man sich selbst Vorwürfe macht.

Alles auf einen Sündenbock zu schieben mag uns für einen Moment die Illusion bescheren, das Problem sei erkannt und behoben. Lange wird dieser Selbstbetrug aber nicht halten. Wie wir im nächsten Kapitel über Systemdenken sehen werden, ist es kaum möglich, eine einzige Ursache, geschweige denn einen einzigen Schuldigen, für einen Fehler zu benennen. Meist sind die Situationen sehr viel komplexer. Neben herausstechenden Personen und Ereignissen gibt es schleichende Entwicklungen, die lange verborgen bleiben, aber meist zu den tieferen Ursachen von Fehlern führen.

Ja, man kann davor die Augen verschließen. Doch wer dies tut, schadet sich selbst. Und vergibt eine große Chance.

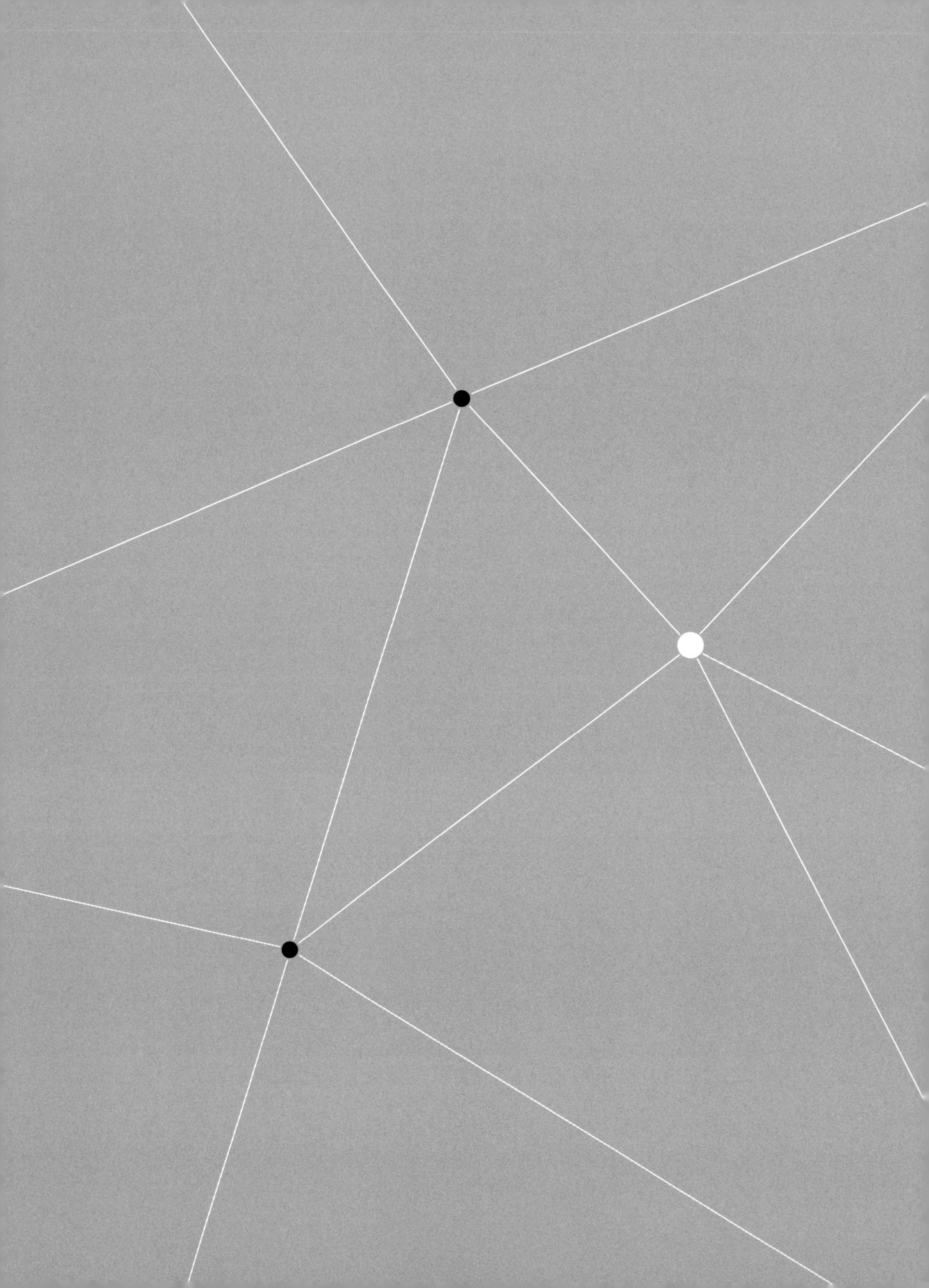

KAPITEL 3 – SYSTEM

Was sich hinter Fehlern verbirgt

Wir neigen dazu, auf Menschen und Ereignisse zu schauen, und sind blind für das, was sich im Verborgenen abspielt. Dabei leben wir in einer Welt voller komplexer Wechselwirkungen. Verstehen wir ihre Dynamik, dann wissen wir auch, wo wir wirksame Hebel ansetzen können – und treffen nicht Entscheidungen, die verpuffen oder uns schaden. Hilfreich dazu ist das Wissen über die wichtigsten Muster, die immer wieder auftauchen: System-Archetypen.

„Alles ist schwierig, ehe es einfach wird"

SPRICHWORT

KAPITEL 3 – SYSTEM

Was sich hinter Fehlern verbirgt

Es könnte so einfach sein: Ein Problem tritt auf. Jemand ist schuld. Er wird bestraft. Und schon ist die Sache aus der Welt. Dumm nur, dass man sich auf diese Weise zwar hervorragend selbst betrügen kann, dies aber nicht dazu taugt, tatsächlich etwas zum Positiven zu verändern. Warum ist das so? Wir ahnen, dass wir uns etwas vormachen, wenn wir an die Geschichte glauben, es gebe einen Feind „da draußen" oder „hier drinnen". Solche Deutungen dienen vor allem einem Zweck: die tiefer reichenden Ursachen zu verschleiern oder zu verdrängen.

Dass dies so ist, merken wir spätestens, wenn die gleichen oder ähnliche Probleme wieder auftreten. Die Sache ist offenbar noch nicht erledigt. Wir haben nur an oberflächlichen Symptomen herumgedoktert, dabei vielleicht sogar daran mitgewirkt, die wahren Probleme zu verfestigen. Erst wenn wir begreifen, dass Missstände meist nur Symptome für etwas sind, was sehr viel tiefer reicht, haben wir die Chance, etwas nachhaltig zu verändern. Schuldzuweisungen helfen da nicht weiter.

Wir müssen uns also in die Tiefe wagen. Die Symptome, die wir wahrnehmen, sind bildlich gesprochen nur die Spitze des Eisbergs. Oft sind sie das Ergebnis regelrechter Fehlerketten. Meist spielen eine ganze Reihe von Aspekten eine Rolle, die aber niemandem aufgefallen sind oder stillschweigend hingenommen wurden: Es kam zu Missverständnissen, Informationen flossen nicht rechtzeitig, es fehlte am Know-how. Oder jemand war nachlässig.

Einfache Erklärungsmuster greifen zu kurz: Fehler lassen sich nur selten auf eine einzige Ursache zurückführen. Auch wenn am

Ende nur ein sichtbarer Fehler stehen sollte – dahinter verbergen sich zahlreiche latente Fehler. Konkret untersucht haben dies Mediziner. Einem „sichtbaren" Fehler in einem Krankenhaus gehen unzählige voraus, die nicht bemerkt werden. Haben „sichtbare" Fehler direkte Auswirkungen, etwa die falsche Medikation eines Patienten, so handelt es sich bei latenten Fehlern um interne Schwierigkeiten, die zunächst keine Konsequenzen haben. Eines Tages aber können sie dazu beitragen, dass es zur Katastrophe kommt. Ein Beispiel: Jahrelang duldet ein Oberarzt keinen Widerspruch von seinen Kollegen, bis ihm diese Arroganz eines Tages zum Verhängnis wird. Im entscheidenden Moment macht er einen fatalen Fehler. Niemand widerspricht ihm. Ein Patient stirbt.

Der Schweizer Arzt Sven Staender hat aus den zahlreichen Vorstufen von Fehlern, die in der Medizin vorkommen, ein pyramidenförmiges Modell entwickelt: *Komplikationen* stehen an der Spitze, unter der Oberfläche – für Patienten unsichtbar – bleiben *Beinahe-Komplikationen, kritische Ereignisse* und *latente Fehler*.

Dies verdeutlicht, warum es sinnvoll ist, einen Blick für das ganze System zu entwickeln. Auf einen einzigen sichtbaren Fehler zu starren und jemanden zum Sündenbock zu machen wird der Situ-

Verborgene Fehler
In der Fehlerforschung wird beim sogenannten Eisberg-Modell davon ausgegangen, dass auf einen schweren Fehler („Komplikation") zehn leichte, sichtbare Fehler kommen („Beinahe-Komplikationen"). Dazu gibt es – unter der Wasseroberfläche – 30 nur für Insider erkennbare Zwischenfälle („kritische Ereignisse") sowie etwa 600 unsichere Handlungen („latente Fehler"), die selbst von den Beteiligten nicht immer wahrgenommene werden.

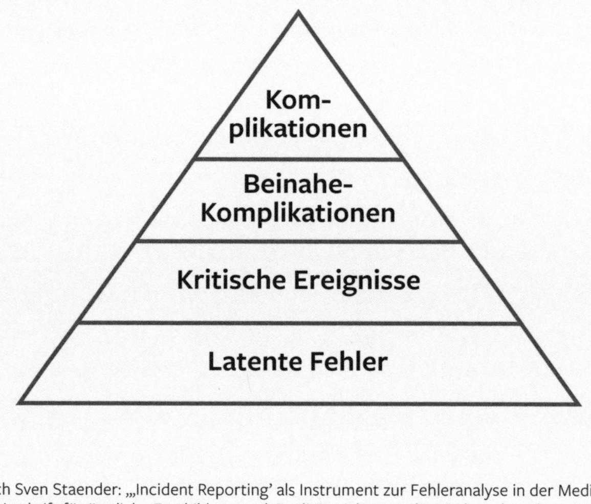

Nach Sven Staender: „,Incident Reporting' als Instrument zur Fehleranalyse in der Medizin".
In: Zeitschrift für ärztliche Fortbildung und Qualitätssicherung (ZaeFQ) 95 (2001). S. 479–484.

ation nicht gerecht. Wir tappen immer wieder in die Falle, einen zu kleinen, isolierten Ausschnitt des Geschehens wahrzunehmen. Wer dies tut, verschleiert die wahren Ursachen und vergibt die Chance, aus Fehlern tatsächlich etwas zu lernen.

Fehler lassen sich in der Regel nicht isolieren. Deshalb sollten nicht einzelne Fehlentscheidungen in den Fokus rücken, sondern das gesamte System. Fragen Sie nicht „Wer war es?“, sondern „Wie konnte es dazu kommen?“ Damit rückt der Zustand der gesamten Organisation ins Blickfeld: Welche Strukturen oder Abläufe müssen verändert werden, um solche Fehler künftig zu vermeiden?

Eine Aktion, viele Wirkungen

Im Kern geht es darum, die Systeme, in denen wir agieren, zu begreifen. Nur wenn wir sehen, wie die Dinge miteinander zusammenhängen, können wir auch wirksame Hebel entdecken. Nur dann gelingt es uns, Entscheidungen zu treffen, die nicht einfach verpuffen oder das Gegenteil dessen bewirken, was wir beabsichtigt hatten.

Komplex sind Systeme, weil sie in einer unsichtbaren Ordnung zueinanderstehen und miteinander vernetzt sind. Was ein einfaches System von einem komplexen unterscheidet, hat Dennis Sherwood sehr anschaulich an einem Beispiel gezeigt: Angenommen, Sie lassen eine 5-Cent-Münze fallen. Was passiert? Sie fällt zu Boden. Das ist einfach – und berechenbar. Was aber passiert, wenn Sie den Preis eines Ihrer Produkte um 5 Prozent reduzieren? Schwierig zu sagen. Der günstigere Preis könnte – so lehrt es die BWL – das Produkt attraktiver machen und den Absatz steigern. Aber er könnte auch – nicht so gut! – einen ruinösen Preiskampf auslösen. Der günstigere Preis könnte die Kunden, die auf jeden Cent schauen, freuen. Aber es könnte auch diejenigen befremden, die den Preis als Qualitätssignal wahrnehmen und deshalb das Gefühl haben, das Produkt werde entwertet. Lassen Sie uns den Fall weiterspinnen: Welche Konsequenzen könnte es noch geben? Vielleicht geraten Sie ja in Schwierigkeiten, weil einer Ihrer besten Mitarbeiter abgeworben wird. Warum? Weil Ihre Preispolitik im Markt so stark auffiel, dass ein Headhunter auf Ihre Firma aufmerksam wurde und sich jetzt die Konkurrenz über Ihren (ehemals) besten Mitarbeiter freut …

System
Das Wort stammt aus dem Altgriechischen: „σύστημα“ (= sýstēma) und bedeutet ein „aus mehreren Einzelteilen zusammengesetztes Ganzes“. Elemente sind so miteinander verbunden, dass sie verschiedene Aufgaben erfüllen können und eine strukturierte Einheit bilden. In der Antike wurde der Begriff bei der Beschreibung des Körpers, bei Kompositionen und in der Literatur eingesetzt.

Der Unterschied zwischen einer Münze, die zu Boden fällt und dort liegen bleibt, und einem Preis, der reduziert wird, ist offensichtlich: Bei der Veränderung eines Preises spielen unzählige Faktoren eine Rolle, die miteinander verbunden sind, ohne dass wir immer alle Aspekte, geschweige denn ihre Wechselwirkungen im Blick haben, beispielsweise das Preisempfinden und die Kaufkraft der Kunden, die Reaktion von Wettbewerbern, das Verhalten der eigenen Mitarbeiter (die stolz oder ängstlich sind, dass der Preis verändert wurde) oder die eigene Reputation. „Sehr schnell", schreibt Dennis Sherwood, „wird es fast unmöglich, mit einiger Sicherheit vorauszusagen, was eine einzige Aktion wie eine Preisreduzierung wohl auslösen wird."

Verändert man ein komplexes System also nur an einer einzigen Stelle, so wirkt sich das vielfältig aus, ohne dass uns dies immer bewusst ist. Ein Blick auf die Systeme eröffne „die Einsicht, dass vieles zusammenhängt, was wir getrennt sehen, dass die sie verbindenden unsichtbaren Fäden hinter den Dingen für das Geschehen in der Welt oft wichtiger sind als die Dinge selbst", schrieb der Biochemiker Frederic Vester (1925–2003), der sich in Deutschland für das Systemdenken stark machte und sich zugleich in der Umweltbewegung engagierte. Er propagierte 1999 die „Kunst vernetzt zu denken" – so der Titel eines seiner Bücher.

Was passieren kann, wenn man als Unternehmer bei einer Entscheidung einen zu kleinen Ausschnitt im Blick hat, zeigt das Beispiel von Kurt Stürken („Leuchtturm1917") aus Geesthacht:

ZU KURZ GEDACHT: DER FALL LEUCHTTURM ALBENVERLAG

Eines Tages wurden dem Unternehmer Kurt Stürken Spezialmaschinen für Einsteckbücher angeboten – aus dem Bestand einer insolventen Firma. Ob er Interesse habe, diese Unikate zu übernehmen, wurde er gefragt. Er lehnte ab, auch weil ihm der Preis zu hoch erschien. Später wird klar: Das war eine Fehlentscheidung. Warum? Er erinnert sich: „Wir hätten die Maschinen übernehmen sollen, selbst wenn wir zu diesem Zeitpunkt keinen Bedarf hatten. So aber gingen die Maschinen an Konkurrenten in Deutschland, Holland und Ungarn. Vor allem die Osteuropäer,

> die viel geringere Löhne zahlten, machten uns in den Folgejahren zu schaffen. Sie erhöhten aufgrund der höheren Maschinenleistung ihre Produktion, senkten die Preise und zwangen uns so, ebenfalls weniger für die Einsteckbücher zu verlangen. Das tat weh. Mehr als zehn Jahre lang wurden wir in einen Preiskampf verwickelt. Das kostete uns Millionen.“ („Mein größter Fehler“)

Manchmal können sich scheinbar banale Entscheidungen – wie im Leuchtturm-Beispiel – als millionenschwere Fehler herausstellen. Es geht eben nicht nur um den isolierten Ausschnitt „A kauft B“, sondern um all die vielfältigen Auswirkungen, die damit zusammenhängen: etwa die Ausweitung der Maschinenkapazität, den Marktanteil von Wettbewerbern, das zu erwartende Preisniveau etc. Das Beispiel ist deshalb so treffend, weil es vor Augen führt, dass kluge Entscheidungen keineswegs immer der Intuition folgen. Im Gegenteil: Vielfältige Wirkungen, die in einem System entstehen, laufen oft *gegen* unsere Intuition. Systemforscher Peter M. Senge spricht deshalb gern von einer „System-Ignoranz“: Wir ignorieren, wie Systeme wirken – und wundern uns anschließend (wenn es zu spät ist), dass wir mit unseren Entscheidungen unbeabsichtigte Effekte erzielt haben.

Vor diesem Hintergrund lohnt es sich, Systeme genauer zu analysieren. Dies animiert dazu, auf Wechselwirkungen zu achten, denn Unternehmen sind komplexe Systeme par excellence. Unzählige Elemente spielen dort zusammen: Führungskräfte und Mitarbeiter, Teams und Abteilungen, Wissen und Ideen, Werte und Normen, Traditionen und Ziele, Wettbewerber und Partner, Freunde und Feinde, Gesetzesvorgaben und Verträge, Immobilien und Rohstoffe, Maschinen und so weiter.

Einen einzelnen Bereich herauszugreifen und ihn zu isolieren ist kaum möglich, auch wenn wir genau dies bei Planungen oder Entscheidungen tun. Natürlich werden wir niemals alle Aspekte abbilden können. Dennoch sollten wir versuchen, Querverbindungen zu erkennen. Welche Dynamik, die wir bislang nicht gesehen haben, könnte entstehen? Wer sich intensiv mit Systemen beschäftigt, wird verborgenen Mustern auf die Spur kommen, die ihm vorher nicht aufgefallen sind. Gelingt es uns, ein System mit all seinen Wechselwirkungen besser zu verstehen, dann haben wir auch die Chance, wirksame Hebel für Veränderungen anzusetzen.

Wirksame Hebel ansetzen

Archimedischer Punkt
„Gebt mir einen festen Punkt, und ich hebe die Welt aus den Angeln", soll der griechische Mathematiker Archimedes (287–212 v. Chr.) einst gesagt haben. Später trat er den Beweis an, dass es nicht allein auf die Kraft, sondern auf den richtigen Hebel ankommt: Mit einem einzigen Flaschenzug, so ein antiker Bericht, gelang es dem Griechen, ein großes, voll beladenes Schiff zu bewegen.

Etwas verändern zu wollen ist Teil der DNA von Unternehmern. Am Willen mangelt es ihnen in der Regel nicht, eher an der Wirksamkeit. Trotz Kraftanstrengung geht es oft nur langsam voran. Wie kann es sein, dass groß angelegte Aktionen oft verpuffen, während kleine Veränderungen – an der richtigen Stelle – zuweilen tief greifende und nachhaltige Auswirkungen haben? Entscheidend ist die Hebelwirkung. Indem wir unsere Wahrnehmung für Systeme schärfen und verborgene Muster sichtbar machen, erkennen wir auch, wo sich wirksame Hebel ansetzen lassen.

Eine hervorragende Metapher für die Wirkung eines Hebels stammt vom amerikanischen Architekten, Konstrukteur, Softwaredesigner und Philosophen Richard Buckminster Fuller (1895–1983): das Trimmruder des Kreuzfahrtschiffs „Queen Elizabeth". Wird das kleine Ruder leicht gedreht, so drückt es das große, von Wasser umströmte Ruderblatt, das sich allein nur schwer bewegen lässt, durch den entstehenden Unterdruck mit geringem Kraftaufwand in die gewünschte Richtung – bis sich das gewaltige Kreuzfahrtschiff dreht. Eine kleine, gezielte Intervention führt also, über einen Hebel, zu einer großen Wirkung.

Systemforscher Senge hat darauf hingewiesen, dass das Trimmruder als Metapher für die Hebelwirkung gerade deshalb so gut passt, weil es nicht nur winzig klein, sondern auch völlig unauffällig ist. Wer will, dass sich das Schiff nach links dreht, muss das Trimmruder nach rechts drehen: „Das gesamte System – das Schiff, das Ruder und das Trimmruder – funktioniert nach diesem fantastischen Hebelprinzip. Aber die Wirkungsweise bleibt einem völlig verborgen, wenn man die Gesetze der Hydrodynamik nicht versteht." Senge vergleicht diesen verborgenen Mechanismus mit der Wirkweise menschlicher Systeme: „Erst wenn wir die Kräfte verstehen, die in solchen Systemen am Werk sind, können wir die Veränderungen mit der stärksten Hebelwirkung entdecken."

Auf schleichende Entwicklungen achten

Wie findet man den stärksten Hebel? Ein Patentrezept gibt es nicht. Wohl aber Hinweise, worauf man achten sollte: insbesondere auf Veränderungen, nicht auf Ereignisse oder „Schnappschüsse“. Dies ist für uns nicht so einfach, da wir dazu neigen, uns auf Ereignisse zu konzentrieren. Ob als Kind, in der Schule oder in der Ausbildung – stets wurden wir dazu angehalten, logische Schlüsse zu ziehen und nach naheliegenden Erklärungen für Geschehnisse zu suchen. Eins geschieht *nach* dem anderen, und für alles gibt es *eine* Ursache. Wissenschaftler sprechen von „linear-kausalem Denken“.

Man kann die Realität aber nicht auf einzelne, konkret fassbare Ereignisse reduzieren, die brav nacheinander eintreten und stets eindeutige Ursachen haben. Gerade Unternehmer und Führungskräfte wissen, dass dies eine Illusion ist. Es gehört zu ihrem Alltag, mit Ungewissheit umzugehen. So sehr man sich bei unternehmerischen Entscheidungen auch abzusichern versucht – Risiken lassen sich zwar reduzieren, nicht aber ausschließen.

Alles, was wir tun und erleben, hat komplexe Wirkungen. Nicht alle können wir vorher überblicken. Es gibt direkte und indirekte Auswirkungen, unmittelbare und welche, die erst Jahre später eintreten. Es gibt dynamische Entwicklungen, die wir im Griff zu haben glauben, uns aber dennoch entgleiten. Und es gibt Situationen, die uns ausweglos erscheinen, sich dann aber doch noch zu unserer eigenen Überraschung lösen lassen.

Das Leben als Abfolge von Ereignissen zu begreifen ist gerade für Unternehmer problematisch. Es sind in der Regel nicht die spektakulären Fehlschläge, die Firmen gefährlich werden, sondern schleichende Entwicklungen, die lange nicht erkannt werden – bis es zu spät ist. Die mangelnde Lernfähigkeit von Unternehmen und anderen Organisationen veranschaulicht das Gleichnis vom gekochten Frosch:

SCHLEICHENDER PROZESS: DER GEKOCHTE FROSCH

Setzt man einen Frosch in heißes Wasser, so wird er alles tun, um zu entkommen. Ist das Wasser dagegen lauwarm und erhöht man

„Manche Dinge lassen sich nur aus der Ferne gesehen ausfinden“

GEORG CHRISTOPH LICHTENBERG

die Temperatur nur langsam, dann verharrt der Frosch behaglich im Wasser – bis er schließlich stirbt. Er ist nicht in der Lage, langsame, graduelle Temperaturveränderungen wahrzunehmen.

Sieht man einmal davon ab, dass dieses Gleichnis zwar weitverbreitet ist, biologisch aber gar nicht stimmt (Frösche würden versuchen, dem erhitzten Wasser zu entkommen, bevor sie nach einem Hitzestress muskuläre Spasmen bekommen), so veranschaulicht diese Geschichte doch einprägsam, wie tückisch kontinuierliche Entwicklungen sein können: Auf plötzliche Veränderungen reagieren wir in der Regel unverzüglich. Langsame, schleichende Veränderungen dagegen nehmen wir meist gar nicht wahr, oder wir akzeptieren sie achselzuckend – bis es vielleicht zu spät ist.

Damit nicht genug: Wir konzentrieren uns nicht nur auf einzelne Ereignisse, sondern versuchen zudem, sie in eine logische Reihenfolge zu bringen. Irgendetwas passiert, daraus folgt ein weiteres Ereignis und so weiter. Was passiert, hat einen Grund und zieht Konsequenzen nach sich. Aus A folgt B, aus B folgt C, aus C folgt D. Würde man das Geschehen, so wie wir es uns zurechtlegen, grafisch darstellen, so ergäbe dies eine Linie – mit einem Anfang, einem Verlauf und einem Ende. Es ist der berühmte „rote Faden“, der alles zusammenhält.

Der rote Faden
Diese Metapher geht auf Goethe zurück. In den „Wahlverwandtschaften“ heißt es: „Wir hören von einer besonderen Einrichtung bei der englischen Marine. Sämtliche Tauwerke der königlichen Flotte, vom stärksten bis zum schwächsten, sind dergestalt gesponnen, dass ein roter Faden durch das Ganze durchgeht, den man nicht herauswinden kann, ohne alles aufzulösen, und woran auch die kleinsten Stücke kenntlich sind, dass sie der Krone gehören.“

Wir sind keine Beobachter, sondern Teil des Systems

Dass wir unsere Aufmerksamkeit so stark auf einzelne Ereignisse richten und dabei blind für langfristige, schleichende Entwicklungen werden, ist wohl einer der wichtigsten Gründe, warum es uns so schwerfällt, Systeme besser zu erkennen – jene Zusammenhänge und unsichtbaren Beziehungen zwischen den Dingen, die über das Einzelne hinausgehen.

Es gibt aber weitere Gründe: Wir halten uns zu stark an dem fest, was sich in Fakten und Zahlen ausdrücken lässt – als bestehe die Wirklichkeit nicht im gleichen Maße oder noch stärker aus „weichen“ Faktoren: aus Meinungen, Sympathie, Prestige, Attraktivität, einem Sicherheitsgefühl etc. Und wir tun so, als seien wir unbeteiligte Beobachter, statt anzuerkennen, dass wir auch Teil des

Systems sind. Wir beobachten nicht neutral und unbeteiligt, was passiert, sondern sind selbst Akteur – durch unsere Handlungen oder die Rahmenbedingungen, die wir geschaffen oder mitbeeinflusst haben. Wir können uns nicht ohne Weiteres der Verantwortung entziehen. Auch wir haben meist einen Beitrag dazu geleistet, dass ein Fehler auftreten konnte. Statt die Hände in Unschuld zu waschen, nach Schuldigen zu fahnden und sich mit oberflächlichen Erklärungen zufriedenzugeben, sollten wir uns die Mühe machen, komplexe Wechselwirkungen zu erkennen, den wahren Ursachen eines Fehlers auf den Grund zu gehen – und unsere eigene Rolle zu reflektieren. Wir sind Verursacher und Empfänger, Täter und Opfer zugleich.

Es gibt eine positive Kehrseite dieser zuweilen schmerzhaften Erkenntnis, dass wir eine Mitverantwortung tragen: So wie wir etwas mitverursacht haben, können wir auch dafür sorgen, dass sich ein System verändert – zum Positiven. Im Kern geht es darum, sich und seine Umwelt mit anderen Augen zu sehen und zu begreifen, dass wir nicht Opfer äußerer Umstände sind, sondern unsere Realität selbst verändern können: „Wer A sagt, der muss nicht B sagen."

An Komplexität scheitern: Das Tanaland-Experiment

Welche Fehler uns im Umgang mit komplexen Systemen unterlaufen, hat der Psychologe Dörner bereits 1975 anhand empirischer Versuche gezeigt. An der Universität Gießen lud er zwölf Personen aus unterschiedlichen Fachrichtungen zu einem Experiment ein, das berühmt werden sollte. Die Probanden wurden gebeten, in einer Computersimulation Entscheidungen für die fiktive afrikanische Region Tanaland zu treffen, um das Wohlergehen der Menschen zu verbessern. Die Teilnehmer hatten alle Vollmachten, konnten fast diktatorisch überall eingreifen und verfügten über ausreichend Kapital. Sie konnten beispielsweise Brunnen und Staudämme bauen, landwirtschaftliche Anbauarten oder die Düngung verändern, Insektizide versprühen, Jagd auf Raubtiere machen, Traktoren anschaffen, Elektrizität einführen, Fabriken und Kraftwerke bauen, Ärzte ansiedeln, die Hygiene verbessern, eine Geburtenkontrolle einführen oder Jagdgewehre anschaffen.

In jeder Runde des Planspiels trafen sie Entscheidungen, deren Auswirkungen vom Computer berechnet und angezeigt wurden, sodass sie anschließend überlegen konnten, wie ihre nächsten Schritte aussehen würden. Die Zeit wurde so gerafft, dass die Teilnehmer ein ganzes Jahrhundert durchspielten. Das Ergebnis überraschte die Forscher: Statt die Lebensbedingungen zu verbessern, mündeten die Szenarien trotz bester Absichten in Katastrophen und Hungersnöten.

So setzten sie beispielsweise Gift ein, um der Affen und Kleinsäuger Herr zu werden, die die Plantagen schädigten. Was sie dabei nicht bedachten: Die zahlreichen Leoparden in Tanaland, die sich zuvor stark von diesen Kleinsäugern ernährt hatten, trieb es jetzt zu anderen Opfern: Sie wandten sich den Rinder- und Schafherden zu – die aber wichtig für die Ernährung der Menschen waren. Bei einer anderen Entscheidung versuchten sie, die Gesundheitsversorgung und die Ernährung der Bevölkerung zu verbessern, was auch gelang. Allerdings wuchs ihre Anzahl danach exponentiell an, sodass es zu Versorgungsschwierigkeiten kam: Eine Hungersnot setzte ein. Und schon wieder starben Menschen.

Lauter Entscheidungen, die sich als fatal herausstellen sollten. Wie konnte das passieren? Dörner erkannte mehrere Gründe: Die Teilnehmer handelten, ohne die Situation zuvor tiefer analysiert zu haben. Sie berücksichtigten nicht ausreichend die Nebenwirkungen und Spätfolgen ihrer Aktionen. Sie hatten nicht im Blick, wie sich Prozesse im Laufe der Zeit entwickeln. Und weil anfangs keine negativen Wirkungen zu beobachten waren, glaubten sie – fälschlicherweise – daran, richtige Entscheidungen getroffen zu haben. Ein fataler Irrtum. Sie flüchteten sich in einzelne Projekte und verloren dabei die Gesamtsituation aus den Augen. Faszinierend war auch zu beobachten, wie sie angesichts ihrer Misserfolge mit der Zeit immer zynischer wurden.

Auf der Grundlage dieses Experiments und weiterer Simulationen entwickelte Dörner 1989 seine „Logik des Misslingens". Der Psychologe wollte wissen, warum wir regelmäßig daran scheitern, mit komplexen Situationen fertig zu werden. Welche Mechanismen sind dort am Werk? Die Fehler, die die Versuchspersonen in der Simulation machten, lassen sich auch in der Realität wiederentdecken, etwa bei gescheiterten Projekten der Entwicklungshilfe, aber auch im Unternehmertum. Auch dort bewegen wir uns in komplexen Systemen – und müssen verstehen, wie Kräfte wirken. Aus der Tanaland-Simulation lassen sich mehrere Empfehlungen ableiten, die auch für Unternehmer relevant sind.

Reduzieren Sie nicht alles auf eine zentrale Idee!

Oft konzentrieren wir uns bei unseren Entscheidungen auf eine zentrale Idee, die zum bestimmenden Faktor für alles Weitere wird. Dabei besteht die Gefahr, zu viele Aspekte auszublenden – und nicht zu berücksichtigen, wie stark die Variablen miteinander verflochten sind. Stellen Sie sich die Frage: Wissen Sie wirklich, wie einzelne Elemente das ganze System beeinflussen können?

Beim Versuch, die Situation in Tanaland in den Griff zu bekommen, wählten die Teilnehmer jeweils einen Schwerpunkt. Tatsächlich wurden erste Erfolge sichtbar. Mit der Zeit führte diese Fokussierung allerdings dazu, dass andere wichtige Aufgaben aus dem Blick gerieten und ausgeblendet wurden. Dieses einseitige Vorgehen hatte Folgen: Schwerwiegende Konsequenzen des Handelns in anderen Bereichen wurden nicht beachtet, andere vorhandene Probleme und Missstände gerieten gar nicht mehr in das Blickfeld. „Man hob gewissermaßen den Wagen aus dem einen Straßengraben heraus, um ihn gleich mit Schwung in den gegenüberliegenden hineinzuwerfen", beschrieb Dörner die Situation.

Setzen Sie sich keine irreführenden Ziele!

Oft beginnt das Debakel schon damit, dass wir uns ein falsches Ziel vornehmen, also uns etwa Einzelprobleme vorknöpfen, statt dafür zu sorgen, dass das System insgesamt robuster wird. Dies ist hochproblematisch: Man tastet quasi das System ab, bis man einen Missstand findet, den man zu beseitigen versucht. Dann wird der nächste Missstand aufgespürt und beseitigt, während man gleichzeitig damit beschäftigt ist, sich um die Folgen des ersten Eingriffs zu kümmern. Schnell gerät man so in die Rolle der Feuerwehr, die einen Brandherd nach dem anderen zu löschen versucht – ohne sich darüber klar zu werden, wie es überhaupt zu diesen Bränden kommen konnte.

Fünf Empfehlungen, wie Sie Ziele auch erreichen

Gelingt es Ihnen, sich „gute" Ziele zu setzen, so haben Sie zumindest die besten Voraussetzungen, diese auch zu erreichen. Sind die Ziele unklar, irreführend oder widersprüchlich, so haben Sie keine Chance auf Erfolg. Sind sie dagegen klar, konkret und nicht widersprüchlich, dann sind es – wie Dörner formuliert – „Leuchtfeuer für das Handeln; sie geben ihm Richtung". Hier sind fünf Empfehlungen, die Ihnen dabei helfen können, gute Ziele zu formulieren:

→ **Konkretisieren Sie Ihre Ziele!** Oft werden Ziele abstrakt oder unklar gehalten. Statt mit vagen Steigerungsformen zu arbeiten – wir wollen „besser", „schneller" oder „freundlicher" werden –, sollten Sie den angestrebten Zustand möglichst konkret beschreiben. Dies zwingt Sie dazu, sich klar zu werden, was Sie wirklich wollen, und dies präzise zu formulieren. Nehmen Sie sich also nicht vor, „Unsere Reaktionszeit muss schneller werden!", sondern konkretisieren Sie die angestrebte Schnelligkeit, zum Beispiel so: „Unser Ziel ist, künftig auf Kundenwünsche binnen 48 Stunden zu reagieren."

→ **Zerlegen Sie allgemeine Ziele in Einzelziele!** Wenn Sie dies nicht tun, bleiben Sie zu unspezifisch und unklar und werden Schwierigkeiten haben, Ihr Ziel auch zu erreichen. Fragen Sie sich also: Um welche Komponenten handelt es sich? Formulieren Sie daraus konkrete Ziele. Und überlegen Sie, ob sich hinter den ausformulierten, also expliziten Zielen weitere implizite Ziele verbergen. Dann ist es ratsam, diese als eigene Ziele zu beschreiben. Wenn Sie zum Beispiel das Ziel formulieren, „Wir wollen unser Team binnen drei Jahren verdoppeln!", dann verstecken sich dahinter womöglich weitere Ziele: Umsatz, Ertrag, Immobilienfläche etc.

→ **Verwandeln Sie negative in positive Ziele!** Wenn Sie etwas *nicht* tun wollen, bleiben Sie im Unbestimmten und vermeiden eine Konkretisierung Ihres Ziels. Das macht die Realisierung schwierig. Formulieren Sie nicht negativ, was Sie vermeiden möchten, sondern positiv, was Sie anstreben und erreichen wollen. Werden Sie – siehe oben – konkret. Ein Beispiel: Statt „Ich will nicht mehr so viel arbeiten!“, könnten Sie formulieren: „Ich begrenze meine Arbeitszeit auf 44 Stunden pro Woche.“

→ **Vermeiden Sie widersprüchliche Ziele!** Immer wieder passiert es, dass Ziele formuliert werden, die sich widersprechen. Kosten zu senken und zugleich die Qualität hochzuschrauben – diese beiden Ziele widersprechen sich zum Beispiel in den meisten Fällen. Es kommt unvermeidlich zum Zielkonflikt. Häufiger als uns dies klar ist, sind unterschiedliche Ziele miteinander vernetzt. Machen Sie sich also klar, dass Sie nicht alle Ziele zugleich erreichen können. Priorisieren Sie, was für Sie am wichtigsten ist, oder gehen Sie bewusst Kompromisse zwischen verschiedenen Zielen ein.

→ **Ordnen Sie Ziele nach Wichtigkeit und Dringlichkeit!** Versuchen Sie zu verhindern, dass relativ unwichtige kleinere Ziele ein zu großes Gewicht bekommen; entscheidend ist, dass die wirklich wichtigen Ziele nicht durch dringende Angelegenheiten aus dem Blick geraten. Dörner spricht in diesem Fall von „Reparaturdienstverhalten“: Man löst eben die Probleme, die gerade anstehen, und hat dann keine Zeit mehr, sich um das Wichtige zu kümmern.

Nebenwirkungen beachten

Die Teilnehmer am Tanaland-Experiment waren in einem linearkausalen Denken gefangen: Sie planten einen Schritt nach dem anderen, sprachen jeder Entscheidung eine Wirkung zu und gingen sehr zielstrebig vor. Sie unterließen es, die Nebenwirkungen der einzelnen Aktionen zu analysieren – selbst als ihnen allmählich klar wurde, wie stark vernetzt das System war, es ihnen also nicht möglich war, einzelne Aktionen zu isolieren. Sie spielten nicht vorher die Konsequenzen ihrer Entscheidungen durch. Ihnen fehlte bis zum

Schluss das Wissen, welche Neben- und Fernwirkungen sie durch ihre Aktionen auslösten. Sie wussten nicht, wie die einzelnen Variablen miteinander zusammenhingen und wie sie sie wirksam beeinflussen konnten. So gelang es ihnen nicht, einen positiven Effekt zu erzielen.

Es gab ein weiteres Muster, das sich bei den Teilnehmern der Simulation immer wieder zeigte: Anfangs gingen sie meist zögernd vor und wagten nur kleinere Eingriffe, um die Missstände zu beseitigen. Wenn sich daraufhin im System nichts tat, sie also keine Effekte erkennen konnten, griffen sie stärker ein. Kam es dann zu ersten unerwarteten Rückwirkungen – sie hatten nicht bemerkt, dass sich die ersten kleinen Schritte zeitverzögert akkumuliert hatten –, bremsten sie wieder stark ab. Sie übersteuerten also, weil ihnen die Effekte ihrer Handlungen verborgen blieben und sie kein Gefühl für zeitlich verzögerte Fernwirkungen hatten.

Selbst regulieren: Kybernetik

Probleme im Hier und Jetzt zu lösen reicht angesichts einer komplexen Welt nicht mehr aus. Alles, was wir tun oder lassen, hat vielfältige Auswirkungen auf das gesamte System und lässt sich nicht mehr isolieren. Nur noch *eine* Sache zu machen ist nicht mehr möglich. Dafür sind Systeme zu vernetzt, intransparent und voller Eigendynamik. Dörner hat diese Situation mit einer Sprungfedermatratze verglichen: „Zieht man an der einen Stelle, so bewegt sich mehr oder minder alles – und drückt man an einer anderen, so gilt dasselbe. Es gibt nicht unbedingt nur einen Zentralpunkt; im Grunde ist, wenn nicht alles, so doch vieles zentral."

Agieren wir in solch einer komplexen Welt, dann sei dies so, als wären wir ein Schachspieler, „der mit einem Schachspiel spielen muss, welches sehr viele (etwa: einige Dutzend) Figuren aufweist, die mit Gummifäden aneinanderhängen, sodass es ihm unmöglich ist, nur eine Figur zu bewegen. Außerdem bewegen sich seine und des Gegners Figuren auch von allein, nach Regeln, die er nicht genau kennt oder über die er falsche Annahmen hat. Und obendrein befindet sich ein Teil der eigenen und fremden Figuren im Nebel und ist nicht oder nur ungenau zu erkennen."

Kybernetik
Dieser Begriff ist griechischen Ursprungs: kybernétes (κυβερνήτης) bedeutet „Steuermann". Der Philosoph Platon nutzte ihn erstmals im Sinne eines „Studiums der Selbststeuerung", als er über die Führung eines Volks reflektierte. In Deutschland gilt der Physiker Hermann Schmidt (1894–1968) für die Kybernetik als wegbereitend. International tat sich vor allem der US-Mathematiker Norbert Wiener (1894–1964) hervor, der sich im Zweiten Weltkrieg mit Regelungen für militärische Anwendungen befasst hatte und 1948 erstmals den Begriff „Kybernetik" verwendete.

So komplex die Realität auch sein mag – es gibt keinen Grund, angesichts der Vielzahl an Wechselwirkungen innerhalb eines Systems zu resignieren. Uns kommt zugute, dass sich Wissenschaftler aus verschiedenen Disziplinen über Jahrzehnte hinweg mit der Frage beschäftigt haben, welche Dynamik Systeme entfalten können. Es lohnt sich also, einen Exkurs ins „Unsichtbare“ zu machen, zu jenen Beziehungen zwischen den sichtbaren Dingen, die erst bei der genaueren Analyse erkennbar werden, aber ein System im Kern ausmachen.

Es ist ein Ausflug in die sogenannte Kybernetik: die Lehre, die sich mit der Frage beschäftigt, wie sich Systeme in der Natur, Technik, Gesellschaft und Wirtschaft selbst steuern. Sichtbar wurde dieses Prinzip erstmals in einer Erfindung des griechischen Technikers und Mathematikers Ktesibios aus dem dritten Jahrhundert vor Christus. Der Barbier aus Alexandria konstruierte einen Wasserstandsregler mit einem selbst schließenden Ventil – eine Weltneuheit: In einen Behälter mit Wasserzulauf und -ablauf baute er einen Schwimmer. Stieg der Wasserstand im Behälter, so wurde der Schwimmer durch den höheren Wasserspiegel nach oben gedrückt und verschloss den Zulauf; es konnte kein Wasser nachfließen. War der Behälter dagegen nicht ganz voll, sodass der Wasserspiegel sich samt Schwimmer senkte, dann konnte Wasser nachfließen. Es handelte sich also – erstmals – um ein selbst steuerndes System. Durch diese Konstruktion erreichte Ktesibios, dass der Wasserspiegel im Behälter einigermaßen konstant blieb. Über den Abfluss wurde eine sogenannte Einlaufwasseruhr mit Wasser versorgt, so konnte eine für die damalige Zeit hohe Genauigkeit der Zeitangabe erreicht werden.

Erst im 17. Jahrhundert wurde dieses Prinzip der Regelung wieder aufgegriffen: für eine geregelte Temperatur in einem Brutkasten für Hühnereier sowie einem Überdruckventil für einen Dampfkochtopf. Für Windmühlen wurde ein Fliehkraftregler entwickelt, der später auch in Dampfmaschinen eingesetzt wurde. Immer häufiger wurde das Prinzip der Selbstregelung angewandt – bei Wärme, Wasser, Druck oder Strom. Zu einer regelrechten Wissenschaftsdisziplin wurde die Steuerungslehre erst Mitte des 20. Jahrhunderts, als immer stärker Analogien zwischen Vorgängen in Natur und Technik beschrieben wurden.

Im Mittelpunkt dieser Wissenschaft steht die Steuerung und Regelung – und zwar nicht nur von Maschinen und Natur, die Forscher entdeckten auch zunehmend Analogien in Organisationen, etwa in Unternehmen. Ziel ist es, das Verhaltensmuster komplexer Systeme, das Zusammenspiel und die Selbstregulation der einzelnen Komponenten, so gut zu verstehen, dass man sich die „evolutionäre Intelligenz“ des Systems zunutze machen kann.

Es lohnt sich also, genauer auf die Erkenntnisse zu schauen, die sich aus der Natur ableiten lassen. Viele Erfindungen sind im Kern Nachahmungen natürlicher Prinzipien. Was sich dort beobachten lässt – Rückkopplungs- und Umkippeffekte, Schwellenwerte, Zeitverzögerungen und Selbstregulation – ist auch für andere Systeme relevant. Das komplexe Zusammenspiel hat in der Natur dazu geführt, dass Organismen ein hohes Maß an Flexibilität und Robustheit aufweisen, und damit sehr stabil sind. Wie kann es gelingen, von jenen Steuerungsvorgängen zu profitieren, die das Leben auf der Erde trotz aller Widrigkeiten seit Millionen Jahren aufrechterhalten haben?

Distanz gewinnen: Fuzzylogik

Ursprünglich veröffentlicht in: Science 180 (1973). S. 1194–1197.

Wer Systeme wirksam verändern möchte, sollte zunächst versuchen, Abstand zu gewinnen, statt sich in Details zu verlieren. Veranschaulichen lässt sich dies mit dem verpixelten Abraham-Lincoln-Porträt, das der amerikanische Hirnforscher Leon D. Harmon (1922–1983) gemeinsam mit dem ungarischen Wahrnehmungspsychologen Béla Julesz (1928–2003), einem Pionier der Kognitionswissenschaften, im Jahr 1973 anfertigte.

Als Grundlage nahmen sie das Abraham-Lincoln-Porträt auf dem amerikanischen Fünf-Dollar-Schein. Sie verpixelten das Bild so grob, dass – auf den ersten Blick – nur noch Dutzende Quadrate in unterschiedlichen Grautönen zu sehen waren. Je genauer man sich die quadratischen Formen ansieht, desto weiter ist man davon entfernt, zu erkennen, was sich erst erschließt, wenn man aus einer Distanz auf das Bild schaut, am besten mit halb zugekniffenen Augen. Lässt man Unschärfe zu, dann verschwimmen die einzelnen Grauflächen so ineinander, dass sie das berühmte Lincoln-Porträt zu erkennen geben.

Dies ist eine erstaunliche Fähigkeit unseres Gehirns: Wir sind offenbar in der Lage, trotz stark reduzierter Informationen das Wesentliche zu erkennen – indem wir Unschärfe zulassen, statt uns auf Details zu konzentrieren: Wir könnten die Quadrate zählen und ausmessen, wir könnten sie in ihren Grautönen bestimmen – und würden doch das verborgene Muster nicht erkennen. Wir könnten uns auf die scharfen Kanten, die senkrechten und waagerechten Linien der Blöcke konzentrieren – und wären dennoch blind für das verborgene Muster.

Nicht die Erfassung kleinster Details, sondern die Unschärfe, also das Zusammenspiel der Grauflächen, enthüllt das Gesicht. Fehlende Teile der wahrgenommenen Wirklichkeit werden von unserem Gehirn ergänzt, mit einem Mal werden Kurven und Flächen sichtbar. Unschärfe führt also zur Mustererkennung. Nicht die Masse an Daten an sich ist für die Erkenntnis entscheidend, sondern ihre Reduktion auf die wesentlichen Komponenten und ihre Vernetzung.

Kräfte nutzen: Jiu-Jitsu

Auch in Unternehmen besteht die Herausforderung darin, sich nicht in unzähligen Details zu verlieren, sondern die wesentlichen Komponenten zu identifizieren und ihre Vernetzungen zu erkennen. Wer etwas verändern möchte, muss verstehen, welche Kräfte in einem System wirken: nicht *gegen* diese zu arbeiten, sondern sie zu nutzen. Am besten lässt sich dies mit asiatischen Techniken der Selbstverteidigung vergleichen, zum Beispiel mit Jiu-Jitsu. Ein Entstehungsmythos dieser Kampfkunst der Samurai verdeutlicht ihren Charakter – und den Ansatz des Systemdenkens:

KAMPFKUNST JIU-JITSU: SIEGEN DURCH NACHGEBEN

An einem Wintertag beobachtete der Arzt Akiyama Shirobei Yoshitoki, wie die massiven, aber starren Äste einer Kiefer unter der Last von Schneemassen brachen. Die dünnen Äste einer daneben stehenden Weide dagegen gaben nach. Sie bogen sich unter der gewaltigen Last des Schnees so lange herunter, bis er schließlich abglitt. Dann richteten sich die Äste unversehrt wieder auf. Inspiriert von dieser Beobachtung gründete Akiyama Shirobei Yoshitoki die erste Schule der „Kunst der Nachgiebigkeit“ und nannte sie *Yoshin-Ryū*: „Weiden-Schule“.

Entscheidend ist, dass nicht Kraft gegen Kraft aufgewendet wird, sondern nach dem Prinzip „Nachgeben, um zu siegen“ möglichst viel Kraft des Angreifers gegen ihn selbst gerichtet wird. Systeme können auf Dauer nur bestehen, wenn sie sich in ihre Umwelt einpassen, nicht aber, wenn sie *gegen* sie arbeiten.

Dieser Ansatz ist keineswegs intuitiv. Im Gegenteil. Der Grund, warum wir mit unseren Handlungen oft das Gegenteil dessen erreichen, was wir eigentlich beabsichtigen, liegt darin, dass wir nicht das gesamte System im Blick haben, also nicht verstehen, wie Elemente im System aufeinander wirken und sich ausbalancieren. So passieren schnell Fehler. Dann arbeiten wir nicht *mit,* sondern *gegen* das System und seine Eigensteuerung.

Komplexität abbilden: Von der Linie zum Kreis

Die Realität ist komplex. Auch wenn wir uns dazu verleiten lassen, einfache Linien zu sehen, so verbergen sich dort vielfältige Abhängigkeiten. Um der Realität gerechter zu werden und Systeme besser zu verstehen, lohnt es sich deshalb, bei der Visualisierung von Entwicklungen auf vereinfachende Linien zu verzichten und stattdessen Kreise und Spiralen einzusetzen. So lässt sich besser veranschaulichen, dass das, was geschieht, nicht nur eine Wirkung in eine Richtung entfaltet, sondern stets auch zurückwirkt. Was uns intuitiv als lineare Abfolge erscheint – aus A folgt B, aus B folgt C –, ist in Wahrheit komplexer: Bei näherem Hinsehen zeigt sich meist eine zirkuläre Logik. Eine lineare Ursache-Wirkungs-Kette wird also durch ein spiralförmiges Kreisdiagramm abgelöst, in dem Ursachen und Wirkungen ineinander übergehen, also wechselseitige voneinander abhängige Feedbackschleifen entstehen. Entweder verstärken sich die Kräfte, oder sie gleichen sich aus. Visualisiert wird dies mit Verstärkungsschleifen („reinforcing loop“) und Gleichgewichtsschleifen („balancing loop“).

Etwas in Gang setzen (Verstärkungsschleifen)
Bei diesem Feedback verstärken sich die einzelnen Bedingungen gegenseitig und erzeugen eine immer größere Bewegung in dieselbe Richtung. Oft ist die Rede von einem „Schneeballeffekt" oder einem „Teufelskreis". Grafisch lässt sich dieser verstärkende Effekt mit einer Spirale abbilden.

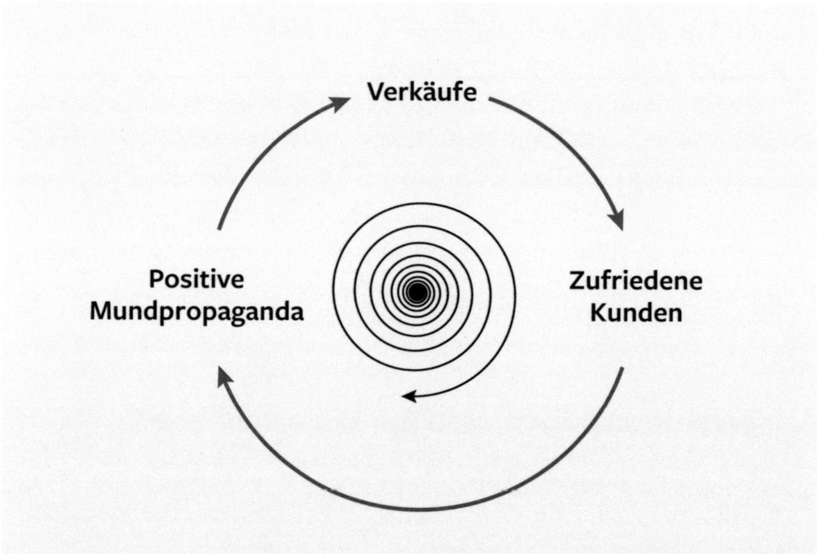

VERSTÄRKENDES FEEDBACK: IMMER MEHR KÄUFER
Ein Unternehmer bringt ein neues Produkt auf den Markt. Es gelingt, die Kunden damit zu begeistern, sodass sie das Produkt weiterempfehlen. Die Mundpropaganda kurbelt die Verkäufe weiter an, sodass noch mehr Kunden positiv über das Produkt sprechen. Dies wirkt sich auf die Verkäufe aus, die weiter anziehen. So entsteht eine sich selbst verstärkende Spirale.

Solch eine Dynamik kann sich aber auch negativ auswirken – als Teufelskreis. Nehmen wir erneut das Ausgangsbeispiel, allerdings mit einer negativen Dynamik:

VERSTÄRKENDES FEEDBACK: KUNDEN BLEIBEN AUS

Ein Unternehmer verkauft ein neues Produkt, das bei Kunden nicht gut ankommt. Er erntet scharfe Kritik. Die Kunden behalten die Kritik nicht für sich, sondern verbreiten sie weiter. Damit nähren sie die Skepsis bei anderen potenziellen Käufern, die schließlich von einem Kauf Abstand nehmen. Die Verkaufszahlen gehen in den Keller. Die Ressourcen des Unternehmers schmelzen zusammen, sodass er bei der Qualität noch mehr Abstriche machen muss. Die Kritik wird noch lauter, die Verkaufszahlen gehen noch weiter in den Keller.

Oft läuft – wie in den Beispielen – eine Rückkopplung zunächst in eine Richtung, sodass etwas in Gang gesetzt wird. Würde diese Entwicklung allerdings unvermindert so weitergehen, so würde das System irgendwann explodieren.

Ausgleich finden (Gleichgewichtsschleife)

Meist kommt es deshalb zu einer ausgleichenden Bewegung, einer gegenläufigen Rückkopplung – visualisiert über Gleichgewichtsschleifen. Dies ist das zweite wichtige Element in Systemen: Grafisch lässt sich der ausgleichende Charakter mit einer balancierenden Wippe illustrieren.

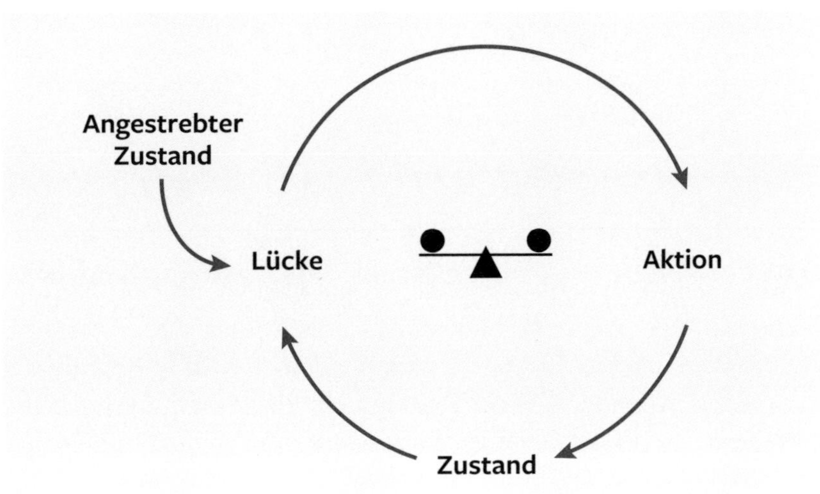

GLEICHGEWICHTSSCHLEIFE: STRESS REDUZIEREN

Ein Unternehmer empfindet starken Stress und nimmt sich vor, etwas dagegen zu tun – mit Sport. Er spürt, wie gut ihm dieser Ausgleich tut. Tatsächlich gelingt es ihm, den Stresslevel auf diese Weise zu reduzieren. Je höher sein Stresslevel ist, desto stärker achtet er darauf, Sport zu machen, sodass der Stress auf diese Weise wieder geringer wird. Beide Elemente, der Stresslevel und seine Bewältigung über den Sport, balancieren sich aus.

In der Natur findet man eine Vielzahl solcher Regelkreise: Pflanzen regulieren ihren Wasserhaushalt. Einige Bäume transportieren Hunderte Liter Wasser von den Wurzeln hinauf zu den Blättern. Menschen regulieren ihre Atmung, den Sauerstoffgehalt des Blutes und den Pulsschlag: Das vegetative Nervensystem reguliert die Herzfrequenz, die für eine ausreichende Blutzirkulation sorgt, sodass die Zellen mit Sauerstoff und Energie versorgt werden. Je nach Lichteinfall vergrößert oder verkleinert sich die Pupille. Ein Hungergefühl führt dazu, dass wir Nahrung aufnehmen, bis – zeitverzögert – ein Sättigungsgefühl eintritt. Solche Regelkreise können relativ einfach sein – wie der Wasserstand in einem Flusssystem. Sie können, wie beim Menschen, komplexer ausfallen oder gar hochkomplex sein, wenn über Regelkreise ganze Ökosysteme gesteuert werden. Auch in der Wirtschaft geht es darum, zu begreifen, wie diese Kräfte wirken.

Späte Effekte (Zeitverzögerung)

Ein dritter wichtiger Baustein von Systemen – neben Prozessen, die sich verstärken und ausgleichen – sind zeitliche Verzögerungen. Auch wenn wir intuitiv davon ausgehen, dass Ursachen und Wirkungen räumlich und zeitlich eng beieinander liegen, so ist das nicht immer der Fall. Oft spielt der Zeitverzug eine wichtige Rolle: Viele Handlungen wirken erst mit einer Verzögerung, sie werden also nicht sofort sichtbar. Zudem ist es fast die Regel, dass Handlungen an verschiedenen Stellen des Systems unterschiedliche Wirkungen entfalten, was simple Ursache-Wirkungs-Ketten nicht abbilden können. Ein Beispiel:

NEBENEFFEKT: PRÄMIEN ANBIETEN, KUNDEN VERÄRGERN
Ein Tageszeitungsverlag startet eine Kampagne, um neue Abonnenten zu gewinnen. Neuen Kunden wird Bargeld als Abo-Prämie versprochen: 200 Euro für den Abschluss eines Jahresabos. Tatsächlich lassen sich viele Interessierte über diesen Köder auf einen Vertragsabschluss ein. Was der Verlag nicht bedacht hat: Er verärgert mit dieser Aktion seine Bestandskunden, die ihm seit vielen Jahren treu sind, aber nicht von dem Prämien-Vorteil profitieren. Einige kündigen, um umgehend ein neues Abonnement abzuschließen – samt 200-Euro-Prämie. Andere sind so verärgert, dass sie mit dem Verlag nichts mehr zu tun haben wollen.

Welche Fragen Sie sich stellen sollten

Der Begriff des „Systems" klingt abstrakt und technisch, er erinnert an Computer und Software („Wir haben ein Problem mit dem System!") oder an etwas Statisches. Dabei verbirgt sich hinter dem Ansatz des Systemdenkens genau das Gegenteil: Es ist ein neuer Blick auf vielfältige Vernetzungen und dynamische Entwicklungen, auf Kräfte, die in verschiedene Richtungen wirken, sich verstärken oder ausgleichen – so wie in der Natur.

Für Unternehmer ist dies ein intelligentes Werkzeug, um nicht in die Falle zu tappen, Dinge unzulässig zu vereinfachen und auf dieser Grundlage fatale Entscheidungen zu treffen. Ein besserer Blick auf die komplexe Realität ermöglicht auch klügere Entscheidungen. Dazu gibt es viele Ansatzpunkte. In diesem Kapitel wurde kurz skizziert:

- → dass sich hinter sichtbaren Fehlern unzählige unsichtbare verbergen, es sich also lohnt, in die Tiefe zu gehen („Eisberg-Modell")
- → dass sich viele Muster erst erkennen lassen, wenn man Abstand gewinnt und sich nicht in Details verliert („Fuzzy-Logik")
- → dass wir uns zwar oft auf Ereignisse konzentrieren, aber schleichende Entwicklungen meist eine größere Bedeutung haben („Frosch im Kochtopf")

- → dass wir uns nicht in die Rolle des Beobachters zurückziehen können, sondern immer Teil des Systems und als Akteur mitverantwortlich sind
- → dass es darauf ankommt, wirkende Kräfte in einem System zu erkennen, um sie für sich zu nutzen und nicht gegen sie zu arbeiten („Jiu-Jitsu")
- → dass eine einzige Aktion vielfältige Auswirkungen haben kann, von denen wir oft überrascht werden, weil wir nicht alle Vernetzungen im Blick haben
- → dass unsere Wirksamkeit weniger an den aufgewendeten Ressourcen liegt, sondern daran, ob wir den richtigen Hebel ansetzen („Trimmruder")

Die systemische Sichtweise ermutigt Sie dazu, einen Schritt zurückzutreten und aus einer Distanz auf Ihr Unternehmen zu schauen – von außen nach innen: Was macht es aus? Welche Kräfte wirken? Wie verhalten sie sich? Wie ist Ihr Unternehmen mit der Umwelt (Wettbewerber, Märkte, persönliche Beziehungen, Wissen, Kapital etc.) vernetzt? Wenn Sie sich Fragen stellen, die nicht auf Einzelaspekte zielen, sondern Ihr Unternehmen als System in den Blick nehmen, gewinnen Sie eine andere Perspektive und eine bessere Chance, etwas wirksam zu verändern. Folgende Fragen können dabei hilfreich sein:

- → Wo sind Bereiche, die für das gesamte System kritisch sind?
- → Welche Bereiche können etwas abfedern?
- → Welche Bereiche treiben etwas voran?
- → Wo gibt es Schwellenwerte und Umkippeffekte?
- → Was ist womit vernetzt?
- → Wie fließen Informationen?
- → Wo lässt sich ein Hebel ansetzen, um etwas zu bewegen?
- → Wie stärkt man die Selbstregulierung?
- → Wie lässt sich die Innovationskraft stärken?

Diese Fragen zeigen: Der Blick sollte sich nicht so stark auf externe Faktoren, auf den Markt oder Wettbewerber, richten, sondern auf Ihre eigenen Verhaltensmuster. Dabei hilft es, sich über den Charakter von Systemen klar zu werden, indem man sie in Kreisdiagrammen abzubilden versucht – mit vielfältigen Entwicklungen, die sich verstärken, ausgleichen und beeinflussen. Ziel ist es, das eigene System besser zu verstehen, es flexibler und transparenter zu machen und Kräfte der Selbstregulierung zu stärken: Probleme werden also nicht direkt, sondern indirekt angepackt, indem man das ganze System zu verstehen sucht und seine Konstellation verändert. Wie dies konkret geht, zeigt der folgende Exkurs zu den wichtigsten Mustern, die immer wieder auftreten: den System-Archetypen.

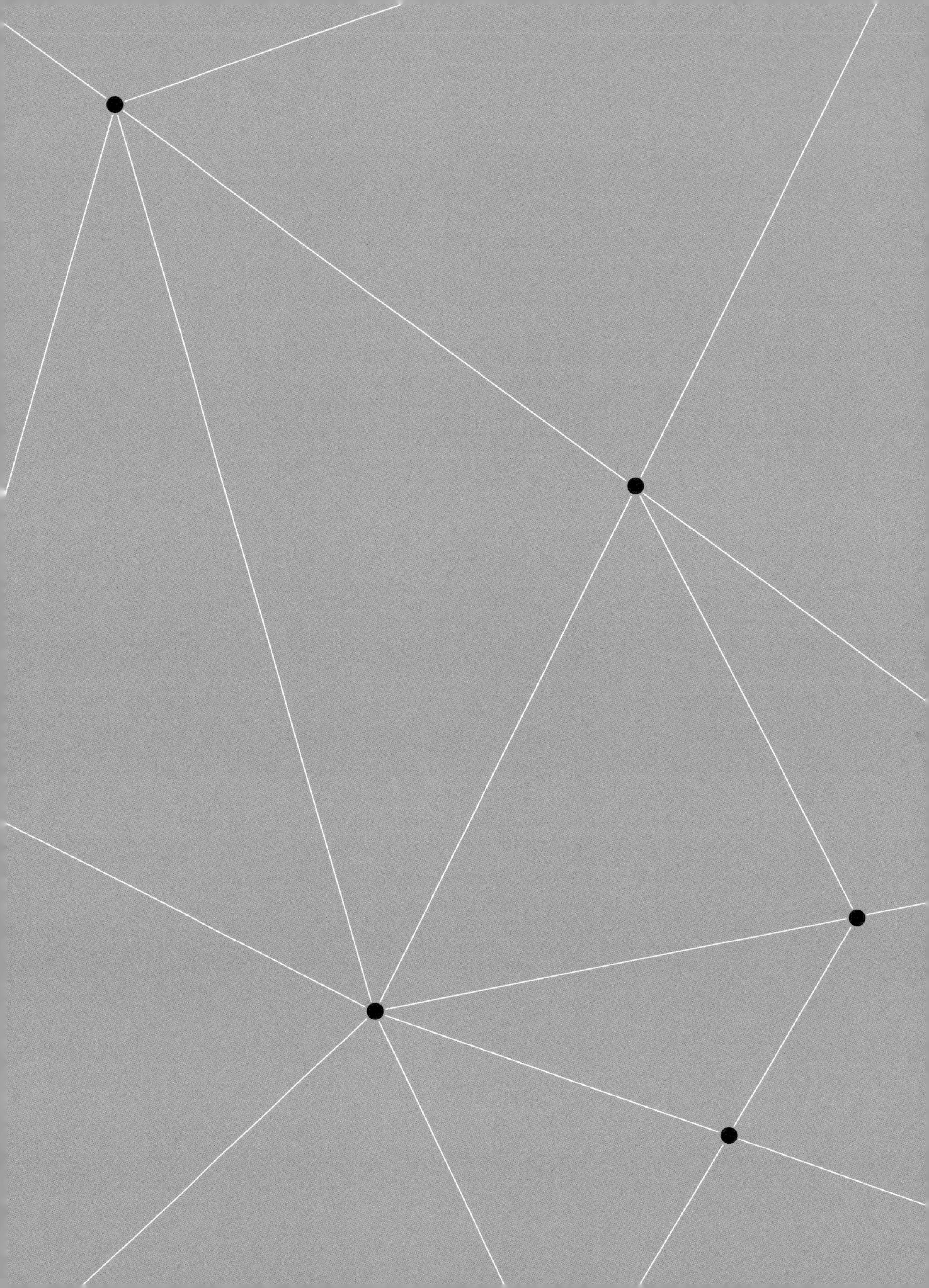

EXKURS

Die System-Archetypen

Dass Systeme charakteristische Strukturen aufweisen, wird seit fast hundert Jahren erforscht. Dem Biologen Ludwig von Bertalanffys (1901–1972) gelang es seit den 1940er-Jahren bis zur Veröffentlichung seiner „General System Theory“ im Jahr 1968, Systemdenken als wissenschaftliche Bewegung zu etablieren. Er wollte durch die Beobachtung allgemeiner Prinzipien gemeinsame Gesetzmäßigkeiten der Wissenschaften herausarbeiten und eine ganzheitliche Sicht auf die Welt etablieren.

Systemisches Denken drang in den folgenden Jahrzehnten in viele Bereiche vor: in die Physik, Kosmologie, Evolutionsbiologie, Medizin, Soziologie, Psychologie, Ökonomie und insbesondere seit den 1960er-Jahren auch in die Managementlehre. Es war allerdings erst Peter M. Senge, der 1990, auch im Rückgriff auf Arbeiten von John David Sterman, die charakteristischen Strukturen in Organisationen als „Archetypen“ beschrieb und dem Systemdenken damit eine weltweite Popularität verschaffte. Sein Standardwerk „Die fünfte Disziplin“ wurde mehr als eine Million Mal verkauft. Heute gilt der Amerikaner, der lange am Massachusetts Institute of Technology (MIT) arbeitete und 1997 die „Society for Organizational Learning“ gründete, als einer der wichtigsten Management-Vordenker der vergangenen Jahrzehnte.

Mit den System-Archetypen hat er ein Werkzeug vorgelegt, mit dem sich Missstände und Fehlentscheidungen besser verstehen und Teams weiterentwickeln lassen (mehr dazu im nächsten Kapitel). Senge hatte beobachtet, dass unser Verhalten immer wieder von gleichen Mustern geprägt wird. Deren Dynamik hat er schematisiert – als wertvolle Vorlage, um Handeln zu analysieren und sich auch über unbeabsichtigte Wirkungen von Aktionen klar zu werden.

Für jeden, der mit komplexen Systemen zu tun hat, sind dies wertvolle Modelle, um Wechselwirkungen besser verstehen und steuern zu können. Managementsituationen erscheinen vor diesem Hintergrund in einem anderen Licht. Wer sich mit den Archetypen auseinandersetzt, die auf den folgenden Seiten vorgestellt werden, kann seine Wahrnehmung schärfen und den ersten Schritt tun, hinter einzelnen Ereignissen und Schnappschüssen grundlegende Strukturen zu erkennen – und die richtigen Hebel anzusetzen.

Der Blick auf die vielfältigen Wechselwirkungen zeigt, wie fragwürdig es ist, Erfolge oder Misserfolge auf eine einzige Ursache zurückzuführen. Ist es tatsächlich ein „unfähiger Kollege“ oder ein „aggressiver Wettbewerber“, der für einen Missstand verantwortlich ist? Im besten Fall handelt es sich dabei um eine Verkürzung, die der komplexen Realität aber nicht gerecht wird.

Um es mit einem bekannten Bild auszudrücken: Wir starren auf einzelne Bäume und sehen vor lauter Bäumen den Wald nicht mehr. Nur wenn wir verstehen, wie die einzelnen Bäume miteinander in Beziehung stehen und ein Ökosystem ergeben, das sich selbst reguliert, verhindern wir, mit isolierten Handlungen Unbeabsichtigtes auszulösen (oder zu zerstören) – wie im Tanaland-Experiment. Nur wer in Systemen denkt, kann inmitten der Detailfülle verborgene Muster und Strukturen erkennen.

Mehr zum Tanaland-Experiment finden Sie in Kapitel 3 ab Seite 68.

Was also sind Archetypen? Es sind typische Muster von Strukturen. Sichtbar werden an der Oberfläche immer wiederkehrende „Geschichten“ – von rapidem Wachstum und plötzlichen Abstürzen, von schnellen Aktionen und schleichenden Spätfolgen. Hinter solchen Entwicklungen verbergen sich charakteristische Wechselwirkungen und Abhängigkeiten. Sie zu erkennen fällt leichter, wenn man mit den System-Archetypen vertraut ist. Dann erhält man neue Ansatzpunkte für Diskussionen mit Kollegen und eine bessere Grundlage für Entscheidungen. Es hilft, zu wissen, wo sich wirksame Hebel ansetzen lassen.

Überblick über die System-Archetypen

Im Folgenden werden die zehn wichtigsten System-Archetypen vorgestellt, die zum Teil miteinander verwandt sind, aber andere Akzente setzen. Sie sollen Ihnen dabei helfen, eine neue Sensibilität für die Dynamik von Strukturen zu entwickeln – und wirksame Hebel zu erkennen.

Wir beginnen mit dem einfachen Archetyp der **„Fehlkorrekturen“**, der zum Tragen kommt, wenn wir bei Problemen nach schnellen Lösungen suchen, ohne die Nebenwirkungen im Blick zu haben. Verwandt damit ist die **„Problemverschiebung“**, die uns dazu verführt, an Symptomen herumzudoktern, wodurch wir die Fähigkeit verlieren, uns um die tieferen Ursachen eines Problems zu kümmern. Der dritte Archetyp, **„Grenzen des Wachstums“**, stößt uns auf unsere Blindheit gegenüber den Faktoren, die Wachstum bremsen. Sind mehrere limitierende Faktoren im Spiel, so wird das **„Prinzip der Attraktivität“** für uns wichtig; wir müssen uns entscheiden, was uns am wichtigsten erscheint. Verfehlen wir unsere Ziele, so erliegen wir oft dem Archetyp der **„Erodierenden Ziele“**, wenn wir unsere Erwartungen herunterschrauben. Dieses Muster ist verwandt mit dem Archetyp **„Wachstum und Unterinvestition“**, bei dem zu wenig in die Kernkompetenzen investiert wird. Beim Archetyp **„Erfolg den Erfolgreichen“** werden Ressourcen verschwendet, weil wir jemandem übermäßig viel Aufmerksamkeit und Mittel zukommen lassen, andere dagegen benachteiligen. Der Archetyp der **„Eskalation“** wird sichtbar, wenn wir vermeintlich unsere Interessen verfolgen, uns dabei aber selbst schaden. Zu erbitterten Konflikten kann es auch kommen, wenn Kooperationen wie im Archetyp **„Widersacher wider Willen“** in Feindschaften umschlagen. Eine **„Tragik der Gemeingüter“** schließlich entsteht, wenn Einzelne ihre Egoismen ausleben und dabei in Kauf nehmen, dass Ressourcen erschöpft werden und ganz verschwinden.

Archetyp „Fehlkorrekturen“

Der Archetyp in Kürze

Die schnelle Lösung für ein drängendes Problemsymptom erweist sich zunächst als erfolgreich. Nach einer Zeit treten aber unbeabsichtigte Folgen auf, die weitere Korrekturen erfordern. Diese Schnellschüsse verhindern, dass das Problem an der Wurzel gepackt wird.

Was die Situation charakterisiert

Dieser Archetyp beschreibt die Gefahren reduktionistischen Denkens: Es tritt ein drängendes Problem auf, das nach einer Lösung schreit. Schnell ist eine Aktion zur Hand, die kurzfristig wirkt, aber bald unbeabsichtigte Nebenwirkungen hervorruft. Nach einiger Zeit kehrt das ursprüngliche Problem wieder oder verschlimmert sich sogar. Erneut entscheidet man sich für eine schnelle Lösung, ohne das Problem in den Griff zu bekommen. Irgendwann gerät man in die Rolle einer Feuerwehr, die einen Brandherd nach dem anderen löscht, ohne zu wissen, was die Brände eigentlich verursacht. Daniel H. Kim, der am Massachusetts Institute of Technology (MIT) die „Society for Organizational Learning“ mitgegründet hat, veranschaulicht diesen System-Archetyp mit einem Vergleich:

> FEHLKORREKTUR: RAD QUIETSCHT UND ROSTET
>
> Ein Rad quietscht. Aus Versehen greift der Besitzer nicht zu einer Kanne mit Öl, sondern zu Wasser, und benetzt das Rad. Das Quietschen hört auf. Als das Wasser verdunstet, quietscht es erneut, lauter als zuvor. Erneut greift der Mann zu Wasser. Warum auch nicht? Das hat ja funktioniert. So geht es weiter, bis irgendwann nichts mehr quietscht, weil das Rad völlig verrostet ist.

Das Tückische an dem Muster ist, dass die kurzfristigen Lösungen zunächst wirken und für Erleichterung sorgen. Damit erschweren sie aber eine grundsätzliche Lösung. Angesichts der angeblich verbesserten Lage scheint dies nicht mehr so wichtig zu sein: ein gefährlicher Trugschluss. Die Ursache des Problems wurde ja nicht beseitigt.

FEHLKORREKTUR: PERSONALABBAU IN DER KRISE
Eine Firma in der Krise entlässt Mitarbeiter, um Kosten zu senken und die Rentabilität zu steigern. Vor allem erfahrene Mitarbeiter mit höheren Gehältern werden in den Vorruhestand geschickt. Tatsächlich gelingt es so, die Personalkosten deutlich zu reduzieren. Gelöst ist die Situation damit aber keineswegs: Dem Unternehmen fehlt Know-how, die Arbeitsmoral im Team geht angesichts der drastischen Maßnahmen in den Keller, die Produktivität leidet. Nach kurzer Zeit ist die höhere Rentabilität wieder aufgezehrt. Die Unternehmensspitze ringt sich dazu durch, weitere Mitarbeiter zu entlassen. So setzt sie eine Abwärtsspirale in Gang.

Wie sich die Dynamik darstellen lässt

Ein *Problem,* etwa zu geringe Rentabilität oder zu wenig Liquidität, führt zu einer oberflächlichen *Korrektur:* Das Symptom verschwindet kurzfristig. So entsteht eine Gleichgewichtsschleife. Die angebliche Lösung hat aber einen weiteren Effekt, der anfangs nicht

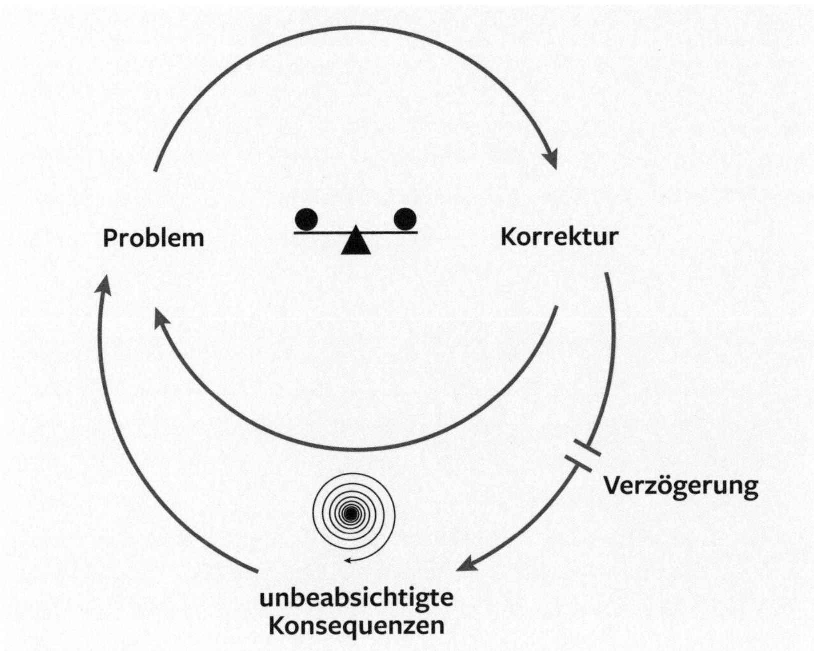

System-Archetypen
Die Illustrationen auf den folgenden Seiten orientieren sich an den Archetypen, die Senge 1990 in seinem Buch „Die fünfte Disziplin“, aber auch in weiteren Publikationen veröffentlichte. Vor allem Daniel H. Kim gab darüber hinaus wertvolle Materialien zu diesem Thema heraus und visualisierte weitere Archetypen.

Im Zeitverlauf
Bei jeder „schnellen Korrektur“ verbessert sich die Situation zunächst, bevor der Effekt verpufft. Im Zeitverlauf sieht man, wie sich die Situation insgesamt verschärft.

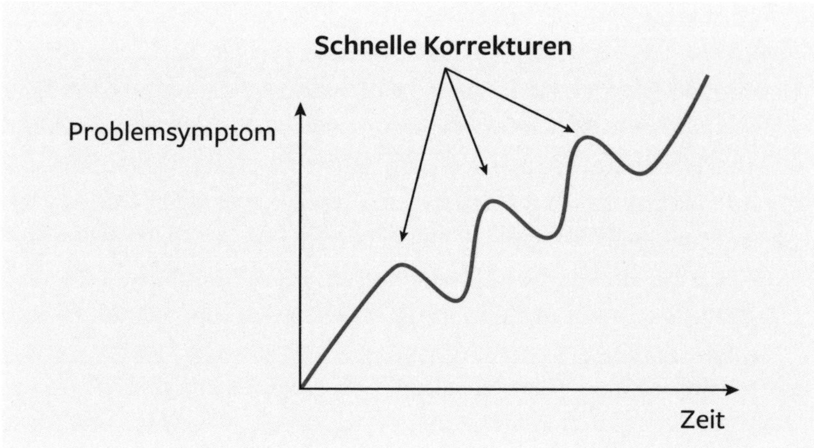

wahrgenommen wird: Mit einer zeitlichen *Verzögerung* treten *unbeabsichtigte Konsequenzen* auf, die das ursprüngliche Problem verschärfen. Dies trägt dazu bei, dass nach einer Weile erneut nach einer schnellen Lösung gegriffen wird, und die gleiche Reaktion erfolgt. Mit jedem Mal gibt es zwar eine kurzfristige Verbesserung durch eine schnelle Korrektur, über die Zeit hinweg verschärft sich aber das Problem. Diese Verstärkungsschleife („Spirale“) bleibt vielen Akteuren (zunächst) verborgen.

Welches Warnsignal Sie kennen sollten

Tritt ein Problem, das scheinbar gelöst wurde, immer wieder auf, so ist dies ein Indiz dafür, dass Sie zu Scheinlösungen gegriffen haben.

Welchen Hebel Sie ansetzen können

Dieses Muster können Sie nur durch eine gründliche Fehlersuche vermeiden, damit Sie die Ursache eines Problems beseitigen und nicht nur oberflächliche Symptome im Blick haben. Dies zu erkennen fällt leichter, wenn Sie die Symptome möglichst genau analysieren: Überlegen Sie, welche „Lösungen“ in der Vergangenheit angewandt wurden und welche Nebenwirkungen es gab. Fragen Sie sich: Hatten Sie tatsächlich eine langfristige Perspektive im Kopf? Einfach ist solch ein Vorgehen nicht. Oft ist der Druck, schnell zu handeln, groß. Und die meisten greifen eher zu einer schnell wirkenden, oberflächlichen Lösung, als nichts zu tun.

Ist Ihnen bewusst, dass Ihre „Lösung“ nur ein oberflächlicher Schnellschuss ist, den Sie aber brauchen, um sich kurzfristig Erleichterung zu verschaffen, dann wählen Sie zumindest eine Aktion, die möglichst wenig Schaden anrichtet. Nutzen Sie die Zeit, um eine langfristige Lösung vorzubereiten, die das Problem löst. Die Versuchung ist allerdings groß, nicht am Ball zu bleiben: Geht das Symptom erst einmal zurück, so sinkt meist auch der Handlungsdruck. Dann können Schnellschüsse eine grundsätzliche Lösung ganz verhindern – nach dem Motto: Aus den Augen, aus dem Sinn.

Beim oben beschriebenen Beispiel des Personalabbaus könnte dies bedeuten, dass die Führungsspitze zwar in der Krise Mitarbeiter entlässt, sie aber große Mühe darauf verwendet, dem Team diesen Schritt zu erklären und mit ihm gemeinsam einen überzeugenden Weg nach vorn zu entwerfen – damit die Moral trotz der Entlassungen nicht sinkt und eine Negativspirale initiiert wird. Die kurzfristige Verschnaufpause durch geringere Personalkosten müsste also dazu genutzt werden, um eine langfristige Lösung zu erarbeiten: die Entwicklung neuer Produkte, neue Vertriebswege oder Ähnliches.

TIPPS UND FRAGEN

→ Beschreiben Sie möglichst genau die problematischen Symptome, die aufgetreten sind!

→ Welche tieferen Probleme vermuten Sie hinter diesen Symptomen?

→ Welche „Lösungen“ wurden in der Vergangenheit angewandt, um diese Symptome zu bekämpfen?

→ Welche beabsichtigten und unbeabsichtigten Konsequenzen hatten diese Lösungen?

→ Welche langfristigen negativen Folgen für das tiefer liegende Problem könnte eine schnelle Lösung haben?

Archetyp „Problemverschiebung“

Der Archetyp in Kürze

Statt die tieferen Ursachen eines Problems zu bekämpfen, lindert eine schnelle Aktion nur die oberflächlichen Symptome. Die Nebenwirkungen lassen ein neues Problem entstehen, das die Aufmerksamkeit immer stärker auf sich zieht. Dadurch lassen die Fähigkeit und Entschlossenheit nach, das eigentliche Problem an der Wurzel langfristig zu lösen, das dann – manchmal unbemerkt – noch gravierender wird. Es entsteht eine Abhängigkeit von der symptomatischen Lösung.

Was die Situation charakterisiert

So wie man sich mit Aufputschmitteln wach halten kann, ohne die Müdigkeit wirklich zu besiegen, oder wie Medikamente Fieber senken, ohne die Krankheitsursache zu bekämpfen, greifen wir auch in anderen Bereichen schnell zu oberflächlichen Lösungen – mit Konsequenzen, deren Tragweite uns meist nicht bewusst ist.

Oft setzen wir nicht an der Ursache des Problems an, weil wir sie gar nicht kennen – oder eine Lösung kompliziert, langwierig oder kostspielig wäre. Gut gemeinte Schnellschüsse lösen das Problem aber nicht. Behelfsmäßige Reparaturen erzeugen nur oberflächliche Verbesserungen. Schon bald kehren die Symptome zurück und werden mit der Zeit immer gravierender. Dann wird erneut kurzfristig gehandelt, meist mit einer höheren Dosis. Dies setzt sich so fort, während im Verborgenen die Fähigkeit, das Problem grundlegend zu lösen, allmählich verloren geht.

Durch die kurzfristig wirksamen, symptomatischen Lösungen – beispielsweise mehr Werbung oder größere Rabatte – entstehen zudem Nebeneffekte, die neue Probleme heraufbeschwören. Das kann bedeuten, dass finanzielle Reserven knapp werden, weil man sie für oberflächliche Schnellschüsse genutzt hat, dass die Reputation leidet oder ein Unternehmer, der zu lange seine Grenzen überschritten hat, zusammenbricht. Je länger die wahren Ursachen eines Problems verborgen bleiben, also keine Auseinandersetzung mit ihnen stattfindet, desto prekärer kann die Situation werden. In solchen Strukturen stellt sich irgendwann ein Gefühl der Hilflosigkeit ein. Zwei Beispiele:

PROBLEMVERSCHIEBUNG: BERATER ERLEICHTERN CHEFS

Ein Unternehmer engagiert Berater, um einen schwierigen Veränderungsprozess zu begleiten. Ihnen gelingt es, das Vertrauen des Teams zu gewinnen und es davon zu überzeugen, dass die Veränderungen sinnvoll sind. Die Zufriedenheit mit den Beratern hat einen Nebeneffekt: Indem sich die Führungskräfte auf sie verlassen, sammeln sie keine eigenen Erfahrungen mit solchen Situationen. Es steigt die Wahrscheinlichkeit, bei ähnlichen Fällen erneut Externe hinzuzuziehen. Aus der einmaligen Intervention wird eine Abhängigkeit, wobei es auch den Beratern mit der Zeit immer schwerer fällt, Entscheidendes zu verändern; man hat sich an sie gewöhnt. Zudem leidet das Ansehen der Führungskräfte, weil die Mitarbeiter erleben, dass ihre Chefs in entscheidenden Situationen nicht präsent sind.

PROBLEMVERSCHIEBUNG: WERBUNG KASCHIERT MÄNGEL

Ein Produkt verkauft sich schlechter. Daraufhin wird eine Werbekampagne gestartet, sodass der Absatz kurzfristig anzieht, dann aber wieder absackt. Das eigentliche Problem ist nicht gelöst: Das Produkt trifft nicht mehr die Bedürfnisse der Kunden. Für die Firma ist solch eine Erkenntnis schmerzhaft, da die Weiter- oder Neuentwicklung eines Produkts aufwendiger und kostspieliger ist als die kurzfristige Erhöhung des Werbebudgets. Es gibt einen weiteren Nebeneffekt: Hält die Firma die Verkaufszahlen über Marketing hoch, so erlahmt zugleich die Dringlichkeit, das veraltete Produktportfolio weiterzuentwickeln. Dies aber sichert auf Dauer die Wettbewerbsfähigkeit des Unternehmens – während der Effekt der Werbung langsam zurückgeht.

Wie sich die Dynamik darstellen lässt

Die Problemverschiebung lässt sich in einem Diagramm über drei miteinander verbundene Kreise darstellen: Der erste Kreis steht für eine schnelle, *symptomatische Lösung*. Der zweite Kreis, der ebenfalls vom *Problemsymptom* ausgeht, steht für die *grundsätzliche Lösung,* die mit einer Zeitverzögerung eintritt. Beide Kreise sind zunächst stabilisie-

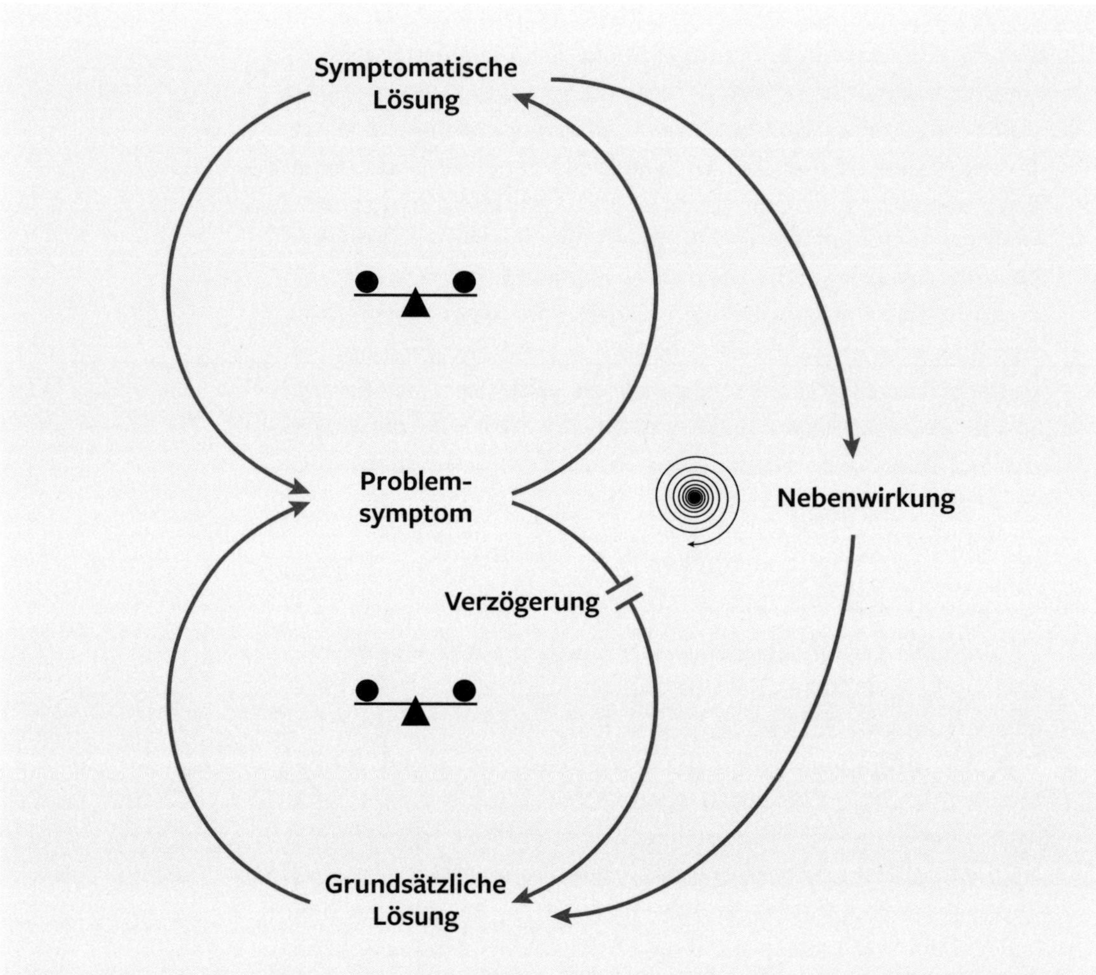

rend, da sie für ein wahrgenommenes Problem eine Lösung herbeiführen: Sie bauen eine Spannung ab und stabilisieren das System.

Die Gefährlichkeit dieser Konstellation zeigt der dritte Kreislauf: Bei symptomatischen Lösungen kommt es zu einer *Nebenwirkung,* die es noch schwieriger macht, etwas grundsätzlich zu lösen. Dies liegt daran, dass die Symptome, die einen ursprünglich in Aktion treten ließen, zeitweise zurückgehen – und man deshalb geneigt ist, auch künftig solche symptomatischen Lösungen zu wählen, statt sich um die wahre Ursache des Problems zu kümmern.

Im Diagramm wird dies angezeigt, indem die symptomatische Lösung auf die grundsätzliche Lösung einwirkt, die Nebenwirkung also die Kreisläufe überbrückt. Dabei ändert sich die Struktur auf fatale Weise: Der kurzfristig balancierende Kreislauf, die symptomatische Scheinlösung, ist nun an einen Kreislauf gekoppelt, der sich ständig verstärkt und als Sucht beschrieben werden kann (Abhängigkeit von Beratern, Marketing etc.), sodass das neue Problem dominiert – nicht mehr das ungelöste ursprüngliche Problemsymptom.

„Mit der Zeit", analysiert Senge diesen System-Archetypen, „verlassen die Menschen sich mehr und mehr auf die symptomatische Lösung, die zunehmend zur einzigen Lösung wird. Ohne dass irgendjemand eine bewusste Entscheidung getroffen hätte, ist die Belastung umverteilt und damit eine zunehmende Abhängigkeit von symptomatischen Lösungen geschaffen worden." Senge weist darauf hin, dass bei fast allen Formen der Sucht Probleme verschoben werden. Die Entscheidung für eine symptomatische Lösung lasse allmählich die Fähigkeit verkümmern, sich auf grundsätzliche Lösungen zu konzentrieren. Dies könne einen abhängig machen. Auch Unternehmen und Organisationen können zu Suchtopfern werden.

Welches Warnsignal Sie kennen sollten

Horchen Sie auf, wenn die bisherige Lösung zunehmend an Wirksamkeit verliert.

Welchen Hebel Sie ansetzen können

Wichtig ist eine regelmäßige Selbstbeobachtung. Dann lassen sich kurzfristige Handlungen leichter als symptomatische Scheinlösungen entlarven. Natürlich kann es Situationen geben, in denen es sinnvoll ist, kurzfristig zu reagieren. Dann sollte aber auch kommuniziert werden, dass es sich um keine grundlegende Lösung handelt.

Fahnden Sie nach den tieferen Ursachen. Fragen Sie sich, wofür Symptome stehen, etwa sinkende Marktanteile, eine höhere Fehlerhäufigkeit, schlechte Stimmung im Team oder Stress. Nehmen Sie sich Zeit für die Analyse, und seien Sie sich bewusst, dass grundsätzliche Lösungen meist längere Zeit beanspruchen. Oft verlangt dies zudem Investitionen, beispielsweise in IT oder Training, ohne dass sofort ein Effekt zu erkennen wäre.

Was eine starke Vision ausmacht, wird in Kapitel 5 erläutert – ab Seite 154.

Erhalten Sie sich die Fähigkeit, grundsätzliche Lösungen herbeizuführen, auch wenn sie sich nicht immer von symptomatischen Lösungen trennscharf unterscheiden lassen. Hilfreich bei dieser Auseinandersetzung ist eine vom Team getragene, gemeinsame Vision, an der man sich ausrichten kann. Dann fällt es leichter, nicht kurzfristige Entscheidungen zu treffen, sondern sich an langfristigen Zielen zu orientieren.

TIPPS UND FRAGEN

→ Was, glauben Sie, steckt hinter den Problemsymptomen? Was könnten die tieferen Ursachen sein?

→ Werden Sie misstrauisch, wenn Probleme wiederkehren, die in der Vergangenheit bereits einmal gelöst werden sollten!

→ Wenn Sie sich für eine Lösung entscheiden, achten Sie darauf, dass sie mit Ihrer langfristigen Unternehmensvision übereinstimmt. Überlegen Sie sich ansonsten einen anderen Ansatz!

→ Was treibt Sie zu einer schnellen Lösung – der Wunsch, in der aktuellen Situation Druck loszuwerden, oder die Überzeugung, damit tatsächlich ein Problem zu lösen?

→ Welche langfristigen Folgen hat Ihre Lösung – auch für andere Bereiche? Welche unbeabsichtigten Nebeneffekte könnten auftreten?

→ Ist eine symptomatische Lösung unumgänglich, dann nutzen Sie sie, um Zeit zu gewinnen für eine grundlegende Lösung!

Archetyp „Grenzen des Wachstums“

Der Archetyp in Kürze

Um zu wachsen und ein Ziel zu erreichen, setzt man bei diesem klassischen Archetyp („Limits to Growth“) einen Kreislauf in Gang, der sich selbst verstärkt. Irgendwann verlangsamt sich das Wachstum aber aus scheinbar unerfindlichen Gründen, es kommt zum Erliegen oder steuert gar auf einen Zusammenbruch zu. Dies liegt daran, dass beim Erreichen einer bestimmten Grenze unbeabsichtigte, verborgene Nebeneffekte auftreten, die gegenläufig wirken. Bei den Grenzen kann es sich um limitierte Ressourcen, aber auch um externe oder interne Reaktionen auf das Wachstum handeln.

Was die Situation charakterisiert

Dass ein Wachstumsprozess zum Erliegen kommt, erleben Unternehmen immer wieder. Das gilt auch für innerbetriebliche Situationen, etwa wenn eine Arbeitsgruppe anfangs hervorragende Leistungen zeigt, dann aber kaum mehr etwas zustande bringt. Das betrifft auch die eigene Leistungsfähigkeit: Man kann zwar immer mehr arbeiten, um das Pensum zu schaffen, irgendwann aber führt die Müdigkeit dazu, dass die Konzentration nachlässt und die Wirkung der eigenen Arbeitskraft verpufft.

Solange ausreichend Ressourcen vorhanden sind, läuft der Kreislauf eigenständig. Es handelt sich um eine Erfolgsspirale. Schließlich aber kommt ein limitierender Faktor ins Spiel. Damit wird ein ausgleichender Kreislauf wirksam, sodass sich das Wachstum nicht mehr verstärkt. Jeder weitere Energieeinsatz verpufft, als würden Gaspedal und Bremse gleichzeitig getreten. Es entsteht das Gefühl, auf der Stelle zu treten.

Bei dieser Entwicklung spielt es keine Rolle, ob es sich um Wachstumsprozesse oder um Verbesserungen handelt – entscheidend ist, dass ein anfangs gut laufender Prozess ins Stocken gerät, weil gegenläufige Kräfte wirken. In dieser Phase flacht das Wachstum ab, erreicht also trotz großer Anstrengungen ein Niveau, auf dem sich die Leistung einpendelt. Oder es kommt sogar zu einem Einbruch. Tückisch an diesem Muster ist, dass das anfängliche Wachstum die gegenläufigen Kräfte verdeckt, die im Verborgenen wirken. Dabei muss es sich keineswegs immer um limitierte materielle Ressourcen handeln. Der gleiche Mechanismus kommt bei impliziten Zielen von Menschen oder unausgesprochenen Normen zum Tragen.

Im Ergebnis erlahmen viele Initiativen, die anfangs mit großer Euphorie gestartet werden, irgendwann. Statt sich von vornherein auf diese begrenzenden Faktoren einzustellen, verstärken die meisten bei nachlassendem Wachstum ihre Kräfte, um der Entwicklung entgegenzuwirken. Wenn ein Unternehmen beispielsweise zu wenige neue Produkte auf den Markt bringt, werden neue Initiativen oder Ideenwettbewerbe gestartet. Gehen interne Veränderungen zu langsam vor sich, so treibt der Chef an.

So verständlich solche Reaktionen auch sein mögen, sie sind kontraproduktiv, wie Senge analysiert: „Je kraftvoller Sie die vertrauten Hebel bewegen, desto größer wird der Widerstand des Ausgleichsprozesses und desto fruchtloser werden Ihre Bemühungen." Wenn auch größere Anstrengungen nichts zum Positiven verändern, werden diese Initiativen irgendwann nur noch pro forma vorangetrieben oder ganz fallen gelassen – aus Ratlosigkeit oder Resignation.

Solche Kraftanstrengungen sind nicht nur vergeblich, sie können auch fatal sein: Viele Unternehmen, die in einer frühen Phase noch die Ressourcen hätten, sich auf eine weniger erfolgreiche Zukunft vorzubereiten, verpassen diese Chance – weil ihr Blick allein auf das Wachstum gerichtet ist.

GRENZEN DES WACHSTUMS: IT-FIRMA OHNE MANAGER

Ein kleines IT-Unternehmen bringt binnen kurzer Zeit immer neue Software auf den Markt und wächst schnell. Mit der größeren Anzahl an attraktiven Produkten steigt der Umsatz, auch das Team wird größer – was das Unternehmen vor Probleme stellt: War es anfangs selbstverständlich, dass alle Mitarbeiter an einem Strang zogen und jeder wusste, was der andere tut, so wird dies mit zunehmender Größe komplexer und mühsamer. Aufgaben und Abläufe verändern sich. Die Programmierer, die anfangs mit ihrem Know-how exzellente Software entwickelten und dadurch das Wachstum befeuerten, übernehmen jetzt auch

Managementaufgaben – was sich negativ auf die Entwicklung neuer Produkte auswirkt. Die Konsequenz: Es kommen weniger neue Produkte auf den Markt, das Wachstum flacht ab.

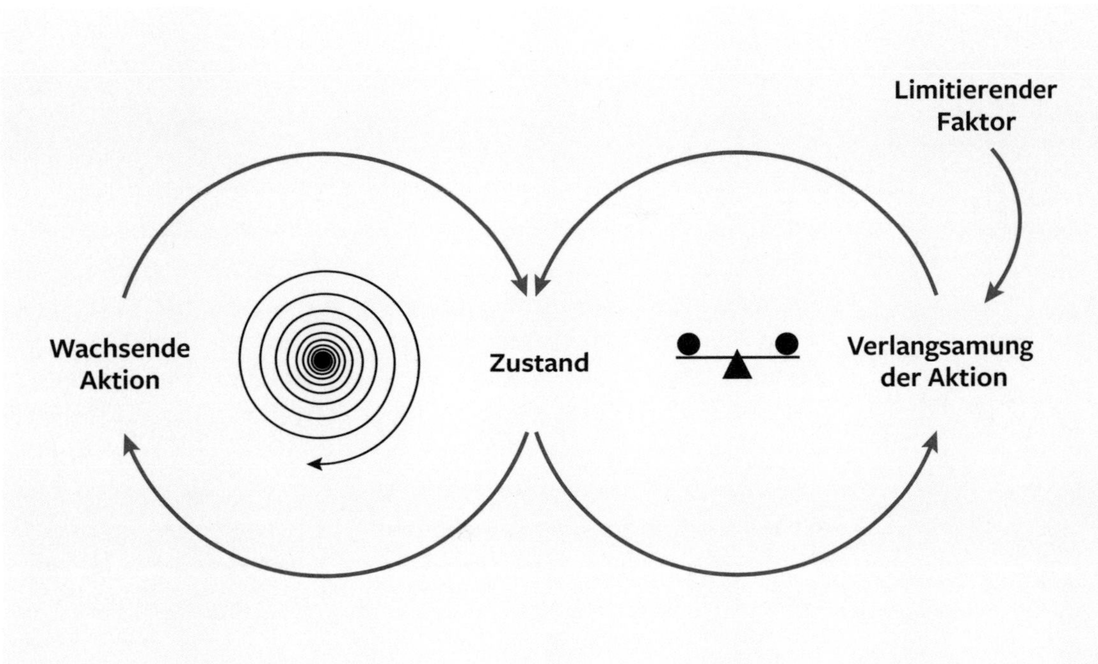

Wie sich die Dynamik darstellen lässt

Das Systemdiagramm besteht aus zwei Schleifen, die miteinander verbunden sind. Das Wachstum entsteht durch eine *wachsende Aktion* in einer Verstärkungsschleife („Spirale"). Je mehr Anstrengungen unternommen werden, desto stärker ist anfangs das Wachstum. Verborgen bleibt in der Regel, dass dieses Wachstum, der veränderte *Zustand,* eine Auswirkung auf eine zweite Kraft hat, die dem entgegenwirkt – weil es an einer bestimmten materiellen oder immateriellen Ressource mangelt; es gibt also einen *limitierenden Faktor.* Diese Gleichgewichtsschleife („Balance") strebt nach einem Ausgleich, sobald eine bestimmte Grenze erreicht wird. Diese Dynamik verlangsamt die Aktion oder bringt sie gar zum Stillstand.

Dynamik im Zeitverlauf
Das anfängliche Wachstum flacht im Lauf der Zeit ab. Wenn als Reaktion darauf die Kraftanstrengung verstärkt wird, führt dies nicht zu weiterem Wachstum, sondern zu einer Stagnation oder gar zu einem Einbruch.

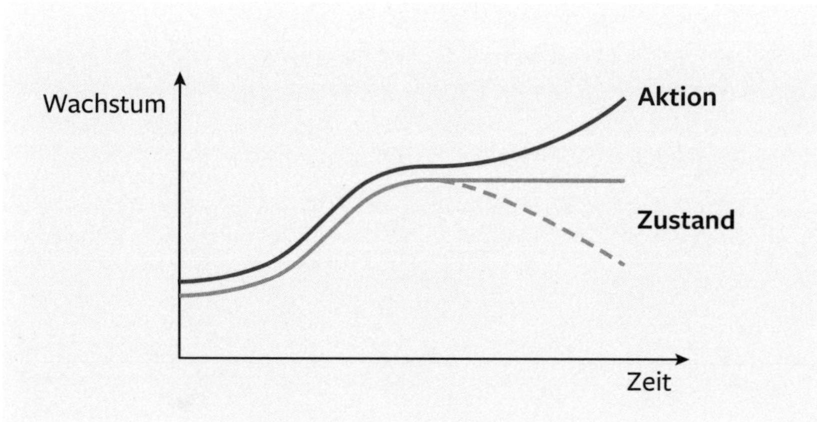

Welches Warnsignal Sie kennen sollten

Wenn Sie sich in Sicherheit wähnen – wir wachsen doch! –, sollten Sie vorsichtig werden. Es gibt kein Wachstum ohne Grenzen. Sobald erste Anzeichen einer Abschwächung auftreten, können Sie sicher sein, dass eine gegenläufige Kraft wirkt.

Welchen Hebel Sie ansetzen können

Die Lösung besteht darin, nicht den Wachstumsprozess mit aller Kraft voranzutreiben, also im Systemdiagramm an der Verstärkungsschleife anzusetzen, sondern den Hebel beim limitierenden Faktor anzusetzen. Beseitigen oder schwächen Sie also die Ursache für die Begrenzung.

Man setzt den Hebel also oft an Stellen an, die man vorher gar nicht im Blick hatte. Im Beispiel des IT-Unternehmens, das zu wenig Software auf den Markt bringt, kann dies bedeuten, den Fokus stärker auf die Belastung des Managementteams zu legen, das es nicht mehr schafft, sich ausreichend um Forschung und Entwicklung zu kümmern. Dies könnte dazu führen, mehr Personal einzustellen, Teams weiterzubilden und Strukturen zu dezentralisieren.

Greift man auf diese Weise zunächst erfolgreich in das System ein, so bedeutet dies keineswegs, dass der Prozess damit am Ende ist. Selbst wenn es gelingen sollte, den limitierenden Faktor zu reduzieren und wieder Wachstum zu ermöglichen, werden höchstwahrscheinlich irgendwann neue begrenzende Faktoren wirksam werden.

TIPPS UND FRAGEN

→ Fragen Sie sich am besten, *bevor* Sie etwas starten: Welchen Druck wird das Wachstum im Unternehmen auslösen? Was wird sich verändern?

→ Welche Personen werden an ihre Grenzen kommen – auch weil sie sich auf eine ganz neue Situation einstellen müssen? Wie könnte dies das Wachstum beeinträchtigen?

→ Wo lassen sich limitierende Faktoren entdecken, die das Wachstum begrenzen? Versuchen Sie, diese Aspekte *vorher* zu berücksichtigen. Wie lassen sich diese Engpässe beseitigen?

→ Können Sie bei Ihnen im Unternehmen Prozesse beobachten, die einmal sehr gut liefen, aber zuletzt nachgelassen haben?

→ Flacht Wachstum ab, dann treiben Sie nicht den Wachstumsprozess an. Hüten Sie sich davor, mehr von dem zu tun, was in der Vergangenheit funktioniert hat.

→ Richten Sie stattdessen Ihre Aufmerksamkeit auf das, was das Wachstum begrenzt: Personal, Kapital, Wissen oder auch interne und externe Reaktionen auf das Wachstum.

→ Reagieren Sie möglichst frühzeitig, solange Sie noch ausreichend Ressourcen haben und die negative Dynamik noch nicht so stark ausgeprägt ist.

Archetyp „Prinzip der Attraktivität“

Der Archetyp in Kürze

Um zu wachsen, wird ein sich selbst verstärkender Kreislauf in Gang gesetzt. Gebremst wird das Wachstum allerdings nach einer Weile durch einen zweiten Kreislauf, der – anders als bei den „Grenzen des Wachstums“ – nicht durch einen, sondern durch mehrere limitierende Faktoren verlangsamt wird. Um das Wachstum anzukurbeln, muss der Fokus auf das gelegt werden, was die Attraktivität (des Produkts etc.) ausmachen soll.

Was die Situation charakterisiert

Kein Produkt, keine Dienstleistung, kein Unternehmen kann „alles für jeden“ leisten. Das ist das Dilemma, das hinter diesem Archetyp steht. Wer versucht, es allen recht zu machen, wird keine Chance haben. Soll beispielsweise höchste Qualität erreicht werden? Oder ein möglichst geringer Preis? Beides lässt sich kaum vereinbaren. Man muss sich also entscheiden.

Dazu ist es wichtig, sich darüber klar zu werden, wie sich das System verändert, wenn limitierende Faktoren reduziert werden. Dies sind keine isolierten Elemente, sondern Teile eines Systems mit vielfältigen Wechselwirkungen, die zum Teil zeitverzögert eintreten. Jeder limitierende Faktor ist unterschiedlich, mit jedem muss anders verfahren werden. Aber es bedarf einer Entscheidung: Welcher limitierende Faktor soll zunächst adressiert werden, um das Wachstum anzukurbeln oder den Zustand des Unternehmens zu verbessern? Mit der Konzentration auf welche Aspekte lässt sich ein größtmöglicher Erfolg erzielen?

Die Gesamtattraktivität setzt sich aus verschiedenen Aspekten zusammen, zum Beispiel aus der Qualität, dem Preis, dem Service und der Verfügbarkeit. Schneidet einer dieser Aspekte schwach ab, so kann dies die Attraktivität des gesamten Produkts in Mitleidenschaft ziehen. Der günstigste Preis und der beste Service bringen zum Beispiel nichts, wenn die Qualität nicht stimmt. In solch einem Fall würde man wohl auf seiner Ware sitzen bleiben.

Umgekehrt können herausragende Merkmale ein Produkt oder eine Dienstleistung auch insgesamt positiver dastehen lassen. Bietet ein Smartphone beispielsweise äußerst attraktive Features an, die weit besser sind als die der Konkurrenz, so werden viele Kunden wahrscheinlich darüber hinwegsehen, dass die Lieferzeiten länger dauern.

Diese Beispiele zeigen, wie wichtig es ist, sich darüber klar zu werden, welche Rolle bestimmte Charakteristika eines Produkts oder einer Dienstleistung für die Qualität aus Sicht der Kunden spielen. Das kann dabei helfen, zu entscheiden, welche limitierenden Faktoren in den Fokus rücken sollten – eine Entscheidung, die angesichts der vielfältigen Wechselwirkungen nicht immer leicht fällt. Die Autoren Michael Goodman und Daniel Kim, die sich mit diesem Phänomen auseinandergesetzt haben, schreiben dazu: „Paradoxerweise kann der Versuch, in allen Bereichen der Beste sein zu wollen, einem einen schlechteren Ruf einbringen, als wenn man ein paar Dinge sehr gut macht – solange dies genau die Dinge sind, die den Kunden am wichtigsten sind."

PRINZIP DER ATTRAKTIVITÄT: IN WAS INVESTIERE ICH?
Eine Beratungsfirma ist unter Druck: Sie steht vor dem Dilemma, ihre Performance für ihre Kunden durch eine große Investition deutlich zu verbessern. Entweder fließt das Geld in den Aufbau einer modernen Wissensdatenbank oder in andere Digitalisierungsprojekte. Beides hätte spürbare Auswirkungen und wird von Kunden explizit gefordert. Neue Kunden sehen dies eigentlich als selbstverständlich an – oder bleiben von vornherein fern. Wie also soll sich die Firma entscheiden?

Wie sich die Dynamik darstellen lässt

Das System besteht aus einem Kreis, der sich selbst verstärkt (Verstärkungsschleife) und mindestens zwei Gleichgewichtsschleifen, die auf einen Ausgleich drängen. Wie beim Archetyp „Grenzen des Wachstums" wird das Wachstum des ersten Kreises durch einen zweiten ausgebremst. Dieser wird mindestens durch zwei limitierende Faktoren verlangsamt, die beide gleichzeitig wirken und das System mit einer Zeitverzögerung insgesamt langsamer machen.

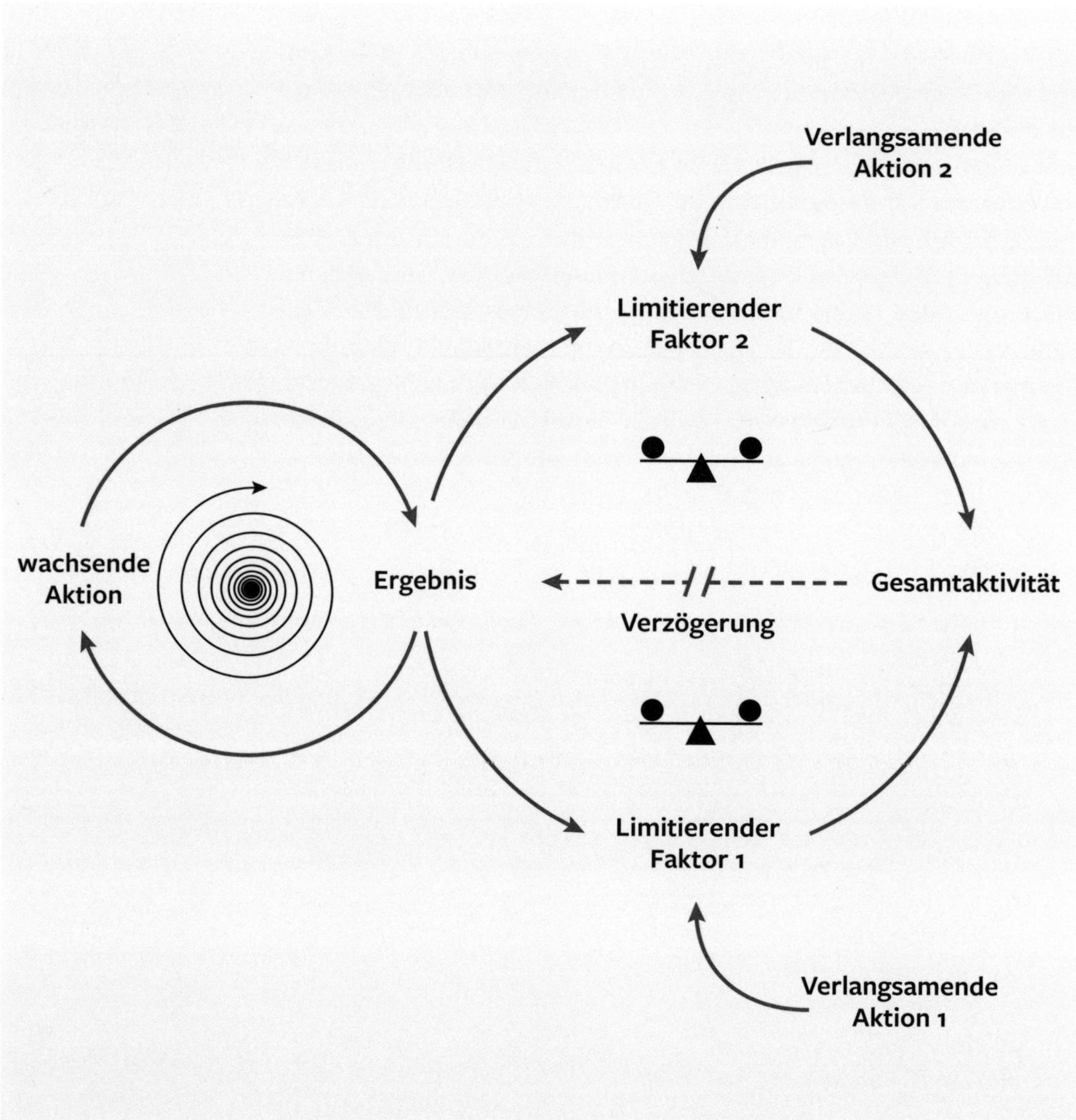

Welche Warnsignale Sie kennen sollten

Verlangsamt sich das Wachstum, dann sollten Sie aufmerken – weil längst limitierende Faktoren im Spiel sind. Überlegen Sie, welche unterschiedlichen Faktoren gerade das Wachstum begrenzen.

Welchen Hebel Sie ansetzen könnten

Hier gilt das Gleiche wie beim Archetyp „Grenzen des Wachstums“: Setzen Sie nicht bei der Verstärkungsschleife an: Treiben Sie also nicht den Wachstumsprozess mit aller Kraft voran. Setzen Sie vielmehr bei den limitierenden Faktoren an. Wenn Sie diese schwächen oder beseitigen, werden Sie das Wachstum ankurbeln können.

Dadurch dass in diesem Fall (wie eigentlich immer) mehrere limitierende Faktoren im Spiel sind, ist es wichtig, sich über ihr Zusammenspiel und ihre Wechselwirkungen klar zu werden. Dies kann dabei helfen, den richtigen Fokus zu wählen. Vergessen Sie nicht, dass die Komplexität eines Systems oft unserer Intuition widerspricht. Ursache und Effekt liegen nicht immer beieinander, weder räumlich noch zeitlich.

TIPPS UND FRAGEN

→ Sind Sie sicher, dass Sie alle limitierenden Faktoren im Blick haben? In der Regel sind mehrere Faktoren im Spiel.

→ Gehen Sie die einzelnen limitierenden Faktoren durch, bei denen Sie ansetzen könnten: Welcher Aspekt ist aus Kundensicht am wichtigsten? Welcher am unwichtigsten?

→ Wie gut sind Sie in der Lage, die einzelnen Faktoren zu beeinflussen? Lohnt es sich, dort mehr Ressourcen aufzubringen?

→ Wie gut sind Sie mit Ihrem Produkt oder Ihrer Dienstleistung im Markt positioniert? Können Sie in einem Satz ausdrücken, was Ihre Leistung ausmacht? Würden die Kunden das Gleiche sagen?

→ Machen Sie sich klar, wie die limitierenden Faktoren miteinander zusammenhängen: Was passiert, wenn Sie einen reduzieren?

Archetyp „Erodierende Ziele“

Der Archetyp in Kürze

Weil ein Ziel nicht erreicht wird, wird es kurzerhand heruntergeschraubt oder verändert, statt dem Problem auf den Grund zu gehen und langfristig bessere Voraussetzungen zu schaffen, um erfolgreich zu sein. Die schleichende, lange unbemerkte Aufweichung der Ziele verschlechtert die Performance und untergräbt die Ziele und Visionen eines Unternehmens.

Was die Situation charakterisiert

Bei diesem Archetyp handelt es sich um einen Spezialfall des typischen Musters der „Problemverschiebung“. Wenn eine Lücke zwischen den ursprünglichen Zielen und dem tatsächlichen Zustand entsteht, dann wächst der Druck, die Situation zu verbessern. Oder man reagiert, indem man seine Ziele herunterschraubt. Dabei kann es sich um stillschweigend gesenkte Qualitätsstandards, um weniger ambitionierte Innovationsziele, aber auch um Fragen der Förderung von Mitarbeitern oder der Verbesserung von Strukturen handeln. Solch eine Dynamik tritt auch auf, wenn erfolgsverwöhnte Menschen ihre persönlichen Erwartungen herunterschrauben – und dann weniger erfolgreich werden.

Es kann gute Gründe geben, ein Ziel herunterzuschrauben, beispielsweise wenn es von Anfang an völlig unrealistisch war und das Team dadurch demotiviert wurde. Oft aber wird ein Ziel neu definiert, obwohl es erreichbar gewesen wäre. Firmen können sich an solch ein Vorgehen gewöhnen. So entsteht eine fatale Dynamik: Je weniger anspruchsvoll die Ziele werden, desto kleiner wird auch die Kluft zur Realität – und desto geringer fällt der Anreiz aus, etwas zu verändern.

An den zugrunde liegenden Bedingungen zu arbeiten, damit ambitionierte Ziele erreicht werden können, ist schwierig. Dies kostet Energie, Kapital und Aufmerksamkeit. Es muss etwas aktiv verändert werden, was nicht jeder mittragen wird. Die Erfolgschancen sind zudem ungewiss. Auch dauert es eine Weile, bis erste Effekte sichtbar werden. Es gibt also viele Gründe, warum Unternehmen dann doch – stillschweigend – ihre Ziele herunterschrauben.

ERODIERENDE ZIELE: FIRMA VERLÄNGERT LIEFERZEITEN
Eine Hightech-Firma, die sich stets über ihre hohe Produktqualität definiert hat, verliert Marktanteile. Man ist ratlos. Dass sie Probleme mit der Fertigung hat, wird nicht als wesentlich angesehen. Wiederholt überschreitet sie versprochene Lieferzeiten. Neuen Kunden gibt das Unternehmen nach und nach immer längere Lieferzeiten an, statt die internen Prozesse zu verbessern. Die Firma verliert weiter an Attraktivität, Kunden wenden sich ab.

Sich neue Ziele zu setzen muss im Übrigen nicht immer schlecht sein: Dieser Mechanismus kann auch für positive Entwicklungen genutzt werden, wenn Teams gute Ergebnisse vorlegen und sie sich immer wieder neue, höhere Ziele setzen. Über diese Dynamik lässt sich die Qualität eines Produkts oder die Performance eines Teams verbessern.

Wie sich die Dynamik darstellen lässt

„Erodierende Ziele" lassen sich über zwei balancierende Kreisläufe darstellen, die über die *Kluft* zwischen dem angestrebten *Ziel* und dem tatsächlichen *Zustand* miteinander gekoppelt sind. Ziel und Zustand klaffen auseinander. Aktionen werden initiiert, um das Ziel zu erreichen. Führen Sie nicht zum Erfolg, so erhöht sich der Druck, das Ziel herunterzuschrauben, um die Lücke zu verringern. Schwieriger ist es, an den zugrunde liegenden Bedingungen zu arbeiten, die eine Erreichung des Ziels erleichtern – zumal dies nur mit

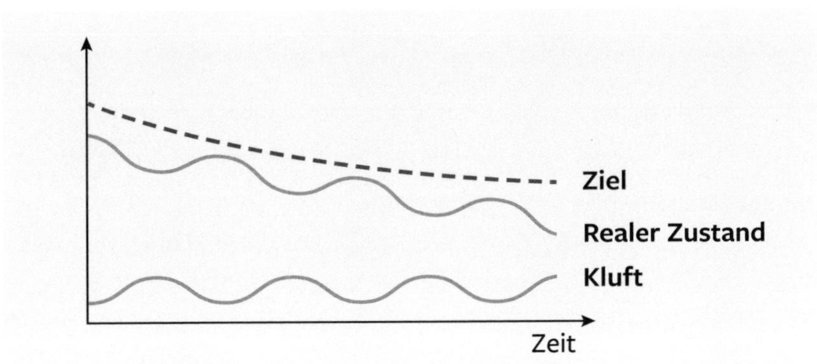

einer zeitlichen Verzögerung möglich ist. Während sich Ziele schnell anpassen oder umdefinieren lassen, dauert es länger, an grundsätzlichen Lösungen zu arbeiten.

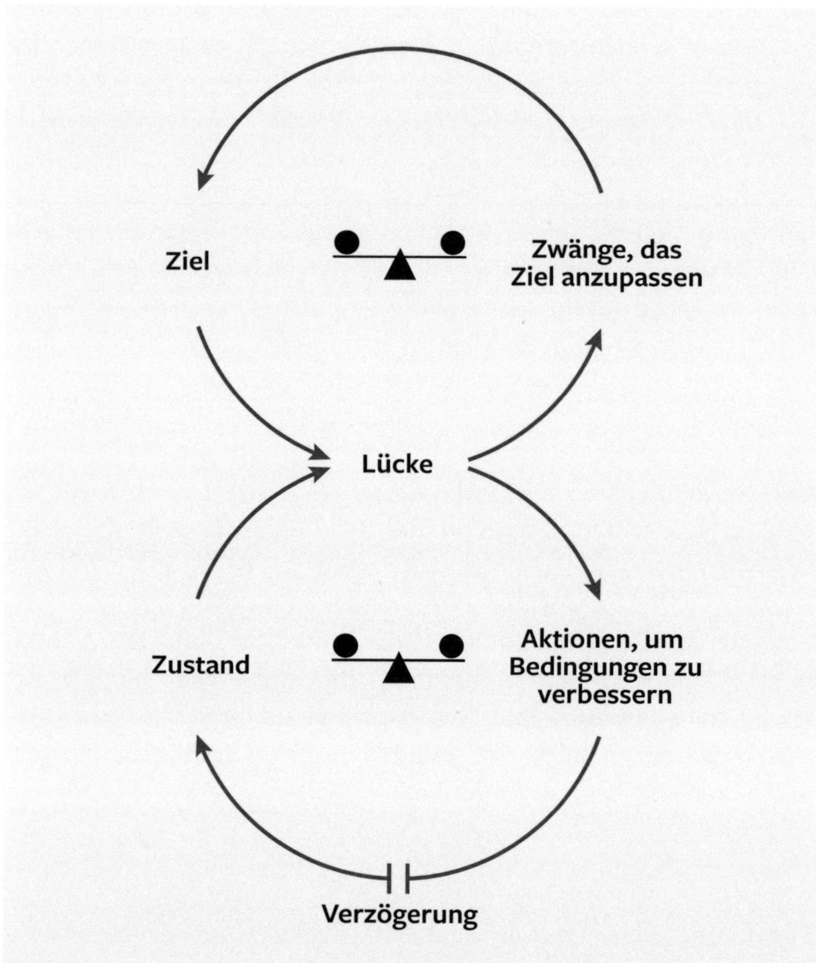

Welche Warnsignale Sie kennen sollten

Sie sollten aufmerken, wenn die Performance langsam nachlässt. Oder wenn einzelne Mitarbeiter oder ganze Teams ständig damit kämpfen, ihre Ziele zu erreichen und kurzfristige Anforderungen zu erfüllen. Dies könnte ein Zeichen dafür sein, dass der Mechanismus der „Erodierenden Ziele“ bereits wirkt. In solch einer Situation fällt es nämlich schwer, sich den Blick für die langfristigen, anspruchsvollen Ziele zu bewahren.

Welchen Hebel Sie ansetzen können

Lassen Sie sich nicht durch die Zwänge des Alltags von Ihrer langfristigen Vision für Ihr Unternehmen ablenken. Sie gibt Ihnen die Chance, zu erkennen, wo Sie von Ihren eigentlichen Zielen abrücken.

FRAGEN UND TIPPS

- → Kann es sein, dass Sie bereits Ziele heruntergeschraubt haben, ohne dass Ihnen dies bislang bewusst war?
- → Steht Ihr Ziel – direkt oder indirekt – im Widerspruch zu anderen Zielen in Ihrem Unternehmen? Falls das so sein sollte: Wie können Sie diese Ziele aufeinander abstimmen?
- → Überlegen Sie, wie Sie zu Ihren Zielen gekommen sind. Handelt es sich um äußere Zwänge (Markterfordernisse etc.) oder um interne Gründe? Bei Letzteren besteht die Gefahr, dass die Standards bei schlechter Performance immer weiter nach unten korrigiert werden. Ist das bei Ihnen der Fall?
- → Gibt es Mitarbeiter in Ihrem Team, die eher etwas dafür tun würden, den Druck zu reduzieren, als die ursprünglichen Ziele zu erreichen?
- → Machen Sie sich ein Bild davon, wie Sie oder Ihr Team üblicherweise reagieren, wenn Ziele nicht erreicht werden. Stellen Sie sicher, dass der Umgang mit unerreichten Zielen nicht dazu beiträgt, die Standards zu senken!
- → Beleben Sie Ihre langfristige Unternehmensvision wieder. Stellen Sie sicher, dass jeder Mitarbeiter weiß, welche langfristigen Ziele Sie mit der Firma verfolgen und was jeder dazu beitragen kann, sie zu erreichen.

Archetyp „Wachstum und Unterinvestition“

Der Archetyp in Kürze

Ein Wachstum nähert sich einer Grenze, die überwunden werden könnte, wenn rechtzeitig in die eigene Kapazität investiert würde. Dies geschieht aber nicht. Stattdessen hält sich das System stabil, indem Ziele oder Leistungsstandards heruntergeschraubt werden, sodass der Bedarf an Investitionen nicht mehr so stark auffällt. Es kommt zu einer selbsterfüllenden Prophezeiung: Niedrigere Ziele führen zu niedrigeren Erwartungen, die sich aufgrund zu geringer Investitionen in schlechten Leistungen spiegeln. Das Unternehmen stagniert oder bricht ein.

Was die Situation charakterisiert

Dieser Archetyp ist eng verwandt mit Strukturen aus den „Grenzen des Wachstums“ und den „Erodierenden Zielen“. Obwohl sich alle stark anstrengen, erreicht die Firma nicht ihr potenzielles Wachstum, weil die Kapazitäten fehlen, um die steigende Nachfrage zu befriedigen. Finanzieller Druck ist in diesen Fällen oft zugleich Ursache und Folge der Unterinvestition. Weil zu wenig investiert wurde, ist es schwierig, den Umsatz hochzuschrauben. Und weil das Geschäft nicht gut läuft, gibt es kaum Luft für Investitionen.

Der limitierende Faktor muss nicht Kapital sein, es kann auch um Know-how, die Weiterbildung der Mitarbeiter oder um professionellere Prozesse und Strukturen gehen. Tückisch ist, dass die Symptome bei diesem Archetyp leicht falsch gedeutet werden können: Bei Unterinvestitionen kommt es meist dazu, dass Kunden unzufrieden werden – weil die Qualität nicht stimmt, Lieferzeiten zu lange dauern oder sie sich nicht gut behandelt fühlen. Wenn Kunden daraufhin ausbleiben, sinkt nicht nur die Nachfrage, sondern es reduzieren sich auch die zuvor aufgetretenen Probleme. So kann der Eindruck entstehen, alles sei (wieder) im Lot. Dies ist aber nicht der Fall.

WACHSTUM UND UNTERINVESTITION: ZU WENIG SERVICE

Eine Airline erfährt eine wachsende Nachfrage, schafft es aber kaum, mit dem Wachstum ihre hohe Servicequalität aufrechtzuerhalten. Statt stärker in die Ausbildung zu investieren und behutsam zu versuchen, das Wachstum vorsichtig – etwa durch eine leichte Preiserhöhung – zu verlangsamen, hält die Airline an der alten Struktur fest. Die Folge: Die Servicequalität verschlechtert sich weiter. Kunden werden unzufrieden, und auch die Arbeitsmoral des Teams sinkt angesichts dieser unbefriedigenden Situation. Am Ende wenden sich die Kunden ab.

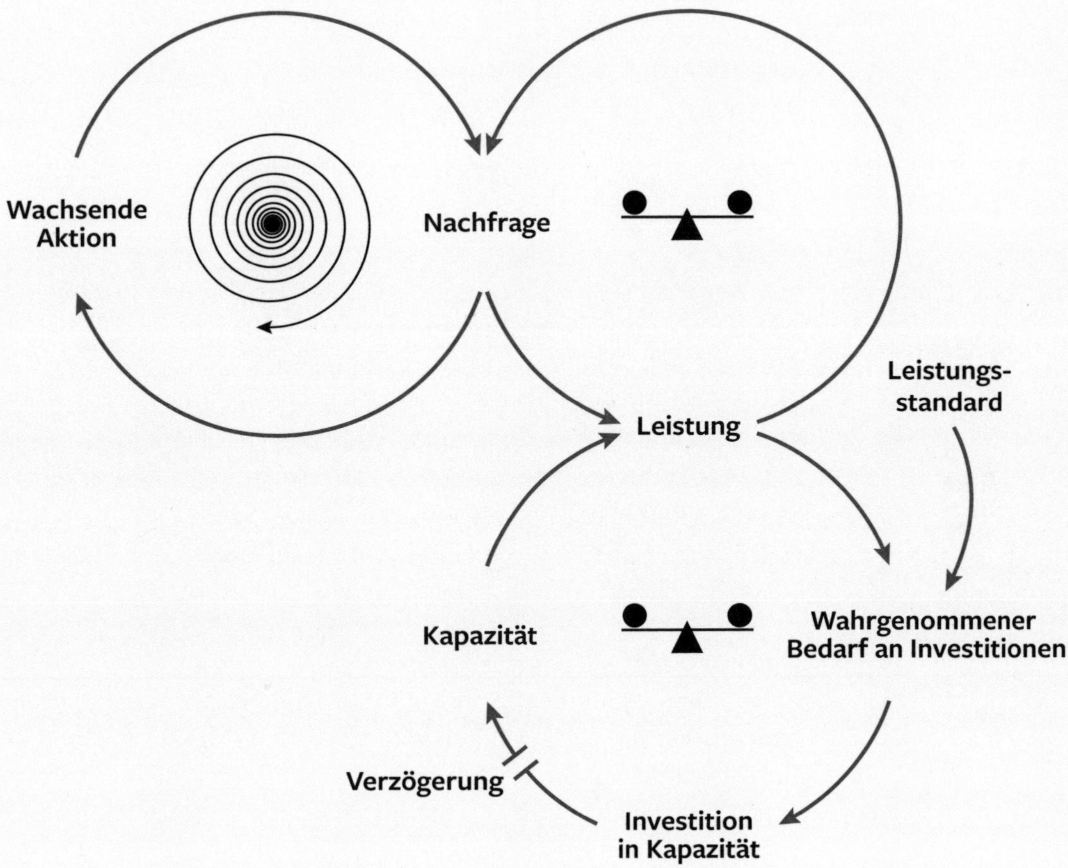

Wie sich die Dynamik darstellen lässt

Dieser System-Archetyp besteht aus drei miteinander gekoppelten Kreisen: Die erste Schleife bildet ab, dass die *Nachfrage* anzieht; eine *wachsende Aktion* schafft einen sich verstärkenden Kreislauf („Spirale"). Damit die Nachfrage befriedigt werden kann, muss aber ausreichend produziert werden. Hier kommt der zweite Kreis ins Spiel, der für einen Ausgleich zwischen Nachfrage und zu erbringender *Leistung* sorgt („Wippe"). Dieser Ausgleich ist nur möglich, wenn die Leistung ausreicht – deshalb die Kopplung an einen dritten Kreis, der zeigt, wie neue *Kapazität* entsteht: Ein *wahrgenommener Bedarf an Investitionen* führt zu einer höheren *Investition in Kapazität* und mit *Verzögerung* tatsächlich zu einer größeren Kapazität, sodass die Leistung steigt. Ob es in dieser Gleichgewichtsschleife aber tatsächlich zu einem Ausgleich kommt, ob die Kapazität der nachgefragten Leistung angeglichen wird, hängt davon ab, wie der Investitionsbedarf eingeschätzt wird. Dies wiederum hängt an der Bewertung des *Leistungsstandards.* Bleiben wir ambitioniert oder schrauben wir die Ziele herunter? Dann gerät die Ausweitung der Kapazität ins Stocken.

Welche Warnsignale Sie kennen sollten

Wenn Sie den Satz hören, „Eigentlich müssten wir was tun, aber das können wir uns gerade einfach nicht leisten!", sollten Sie aufmerken werden – ebenfalls wenn jemand sinkende Qualität mit notwendigen Einsparungen begründet und die Hoffnung äußert, dass es danach wieder bergauf gehen werde. Solche Sätze sind in der Regel Warnsignale: Vielleicht sind Sie ja bereits im Muster „Wachstum und Unterinvestition" gefangen.

Welchen Hebel Sie ansetzen können

Halten Sie auf jeden Fall an Ihrer langfristigen Unternehmensvision fest. Sonst erliegen Sie leichter der Versuchung, Ziele oder Standards herunterzuschrauben, um geringere Investitionen zu rechtfertigen! Und wenn echtes Wachstumspotenzial besteht, dann weiten Sie schnell Ihre Kapazitäten aus, bevor die Nachfrage steigt! Dies zu erkennen und rechtzeitig zu investieren wird über Ihren Erfolg entscheiden.

TIPPS UND FRAGEN

→ Woran orientieren Sie sich, wenn Sie über Kapazitäten entscheiden? Schauen Sie nicht zu stark zurück. Blicken Sie auf aktuelle Marktreaktionen, Wachstumstreiber und Bedürfnisse Ihrer Kunden.

→ Schauen Sie auf Ihre letzten Entscheidungen: Investieren Sie, wenn Sie Wachstum bereits erkennen können? Oder handeln Sie eher in der Erwartung künftiger Entwicklungen?

→ Was signalisiert Ihnen, dass Sie investieren sollten? Organisatorische Probleme, die durch Wachstum entstanden sind? Oder Ihre langfristige Planung?

→ Wie gut ist Ihr Draht zu Ihren Kunden? Wie gut können Sie einschätzen, was Sie brauchen (Qualität, Preis, Vertriebskanal, Service)?

→ Haben Sie limitierende Faktoren identifiziert, die Ihr Wachstum ausbremsen könnten? Wie lange brauchen Sie beispielsweise, um die Produktion hochzufahren? Was bedeutet solch eine Entwicklung für Ihre Kundenbetreuung oder den Vertrieb? Wie gut sind Sie darauf vorbereitet, mit solch einem Wachstum fertig zu werden?

→ Wie beurteilen Sie, ob ein Rückgang der Nachfrage am Markt liegt oder an Ihnen selbst – weil Sie beispielsweise zu lange Lieferzeiten haben oder die Qualität nicht mehr ausreicht und sich Kunden deshalb abwenden?

Archetyp „Erfolg den Erfolgreichen“

Der Archetyp in Kürze

Dieser Archetyp beschreibt die Praxis, jemandem Aufmerksamkeit und Mittel zukommen zu lassen, dadurch aber andere zu benachteiligen. Wer als erfolgreich angesehen wird, wird gefördert. Dieses Verhalten bedeutet oft eine Verschwendung von Ressourcen, weil die gezielte Förderung anderer vielversprechender Bereiche unterbleibt.

Was die Situation charakterisiert

Beobachten lässt sich eine ungleiche Entwicklung: Zwei Parteien (Mitarbeiter, Teams, Firmen etc.) konkurrieren um begrenzte Ressourcen, zum Beispiel um Aufmerksamkeit, Geld oder Training. Als eine Partei (durch einen glücklichen Umstand) erste Erfolge vorweisen kann und dadurch Argumente liefert, weiter gefördert zu werden, erfährt sie zusätzliche Unterstützung. Die andere Partei geht leer aus. Mit der Zeit geht die Schere angesichts der ungleichen Ressourcenverteilung immer weiter auseinander.

Dies ist ein klassisches Beispiel für eine selbsterfüllende Prophezeiung. Ist der Chef (aus welchem Grund auch immer) der Ansicht, dass eine Partei größeres Erfolgspotenzial hat, neigt er nicht nur dazu, ihr mehr Ressourcen zuzuteilen. Ihm werden vor allem auch die Dinge ins Auge fallen, die seine Entscheidung bestätigen.

ERFOLG DEN ERFOLGREICHEN: EIN PROJEKT IM FOKUS

Eine Firma hat nur begrenzte Mittel und Management-Ressourcen, um neue Initiativen zu starten. Eines Tages gehen zwei Projektteams mit Ideen an den Start, beide scheinen aussichtsreich zu sein. Als nach wenigen Wochen ein Team einen ersten Erfolg vorweisen kann, erhält es weitere finanzielle Unterstützung und kann so seine Position ausbauen. So klein der Vorsprung gegenüber dem zweiten Team anfangs auch ist – die Kluft wird mit der Zeit immer größer. Es setzt eine Verstärkungsspirale ein, die das erste Projekt immer weiter wachsen lässt, während das zweite allmählich verkümmert.

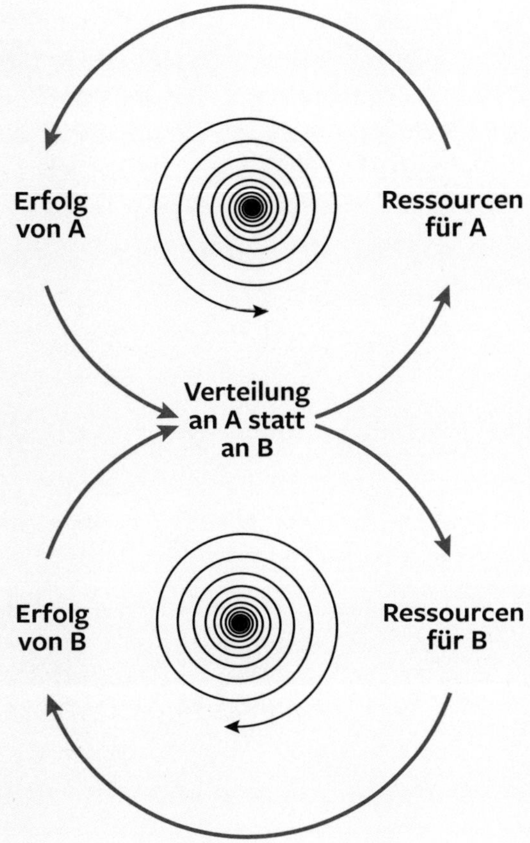

Wie sich die Dynamik darstellen lässt

Die Dynamik dieses System-Archetyps lässt sich mit zwei Kreisen darstellen, die für die Projekte A und B stehen. Verknüpft werden sie durch eine Variable, die angibt, wie die Unterstützung auf die Projekte aufgeteilt wird. So entsteht das Muster einer verstärkenden Rückkopplung in beiden Kreisläufen, jeweils mit umgekehrtem Vorzeichen: Der Erfolg von A führt dazu, dass A noch mehr Hilfe erfährt, dadurch noch erfolgreicher wird und zusätzliche Unterstützung erhält. Projekt B dagegen ist weniger erfolgreich, erhält dadurch keine Unterstützung und entwickelt sich kaum weiter. Dieser unterschiedliche Verlauf resultiert aus dem Ungleichgewicht beim Start, denn beide hätten eigentlich mit ihren Voraussetzungen die Chance gehabt, erfolgreich zu sein. Die Verknüpfungsstelle ist der limitierende Faktor, der von außen eingreift und zugunsten einer Seite wirkt. Dadurch entsteht für ein Projekt ein sich selbst verstärkendes Wachstum, während das Konkurrenzprojekt in den Sog einer negativen Dynamik gerät. Erfolg und Misserfolg klaffen immer stärker auseinander.

Erfolg den Erfolgreichen
Die Projekte A und B starten auf dem gleichen Niveau, entwickeln sich dann aber stetig auseinander, stark beeinflusst durch das Maß an Unterstützung, das sie erfahren.

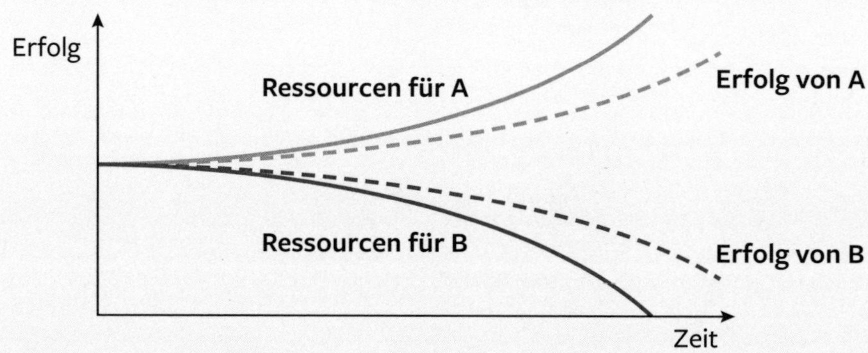

Welche Warnsignale Sie kennen sollten

Aufpassen sollte man, wenn zwei Mitarbeiter oder Teams, die ursprünglich einmal auf dem gleichen Level waren, sich sehr unterschiedlich entwickeln: Während einer sehr erfolgreich ist, hat der andere stark zu kämpfen.

Welchen Hebel Sie ansetzen können

Suchen Sie nach dem übergreifenden Ziel, um beiden Alternativen zu einem ausgewogenen Erfolg zu verhelfen. Eine Lösung kann sein, dass es eine faire Regelung zur Verteilung der begrenzten Ressourcen gibt. Manchmal hilft es, auf der benachteiligten Seite eigene Ressourcen zu aktivieren. Es gibt aber auch Fälle, in denen es angeraten ist, die Verbindung zwischen den beiden Projekten zumindest zeitweise zu kappen oder zu schwächen, damit sie nicht um die gleichen begrenzten Ressourcen wetteifern. Auf diese Weise kann ein ungesunder Wettbewerb verhindert werden.

TIPPS UND FRAGEN

→ Wenn Sie das Gefühl haben, auch in diese Falle getappt zu sein, so erinnern Sie sich möglichst genau daran, wie Sie zu dieser Entscheidung gelangt sind, jemanden zu bevorzugen. Waren es Kleinigkeiten, vergangene Erfahrungen, ein Gefühl oder schlicht Zufall? Solch eine Reflexion kann Sie dafür sensibilisieren, bei künftigen Entscheidungen anders vorzugehen.

→ Vergegenwärtigen Sie sich, welche Fähigkeiten diejenigen haben, die durch diese Dynamik benachteiligt worden sind. Überlegen Sie, wie Sie ihre Kompetenzen nutzen können.

→ Überlegen Sie, wie Sie neue Formen der Zusammenarbeit fördern können, bei denen es nicht um das Gewinnen oder Verlieren geht, sondern um gemeinsame Erfolge.

Archetyp „Eskalation“

Der Archetyp in Kürze

Zwei Menschen oder Unternehmen glauben, ihr Erfolg hänge davon ab, gegenüber einem anderen einen Vorteil zu erlangen. Beide versuchen sich jeweils einen Vorsprung zu erarbeiten und setzen damit die andere Seite unter Druck, die sich bedroht fühlt. Jeder glaubt sich im Recht, weil er sich ja angeblich nur verteidigt. Tatsächlich aber tragen beide dazu bei, die Situation eskalieren zu lassen. Im Ergebnis schaukelt sich die Situation hoch, beide Seiten verlieren.

Was die Situation charakterisiert

Bei der Eskalation streben zwei Konkurrenten aus rein subjektiver Sicht danach, eine dominante Position zu erreichen. Die Einschätzung, dass eine Aktion oder Reaktion des anderen zu dessen Vorsprung geführt hat, wird als bedrohlich für die Balance empfunden. Der Versuch, dies auszugleichen, wird von der anderen Seite als Provokation empfunden, sodass sich die Situation immer weiter hochschaukelt. Ein tatsächliches Gleichgewicht wird verhindert, weil jede Seite eine isolierte, rein subjektive Perspektive einnimmt: „Erst wenn die anderen aufhören, kann ich auch aufhören!“ In der Wirtschaft gibt es viele Beispiele für Eskalationen, sei es bei Preisen, Rabatten, Gehältern, juristischen Konflikten oder Verhandlungen. Ein Beispiel:

ESKALATION: PREISKAMPF SCHWÄCHT BEIDE SEITEN

Zwischen zwei Unternehmern entbrennt ein erbitterter Preiskampf: Um Marktanteile zu gewinnen, bietet Firma A ihr Produkt, das dem der Konkurrenz ähnelt, 20 Prozent billiger an. Tatsächlich gelingt es auf diese Weise, Kunden zu gewinnen. Aufgrund des empfindlichen Absatzrückgangs greift die andere Firma ebenfalls zum Mittel der Preisreduzierung. Die Kunden freuen sich – denn die andere Firma unterbietet den Preis noch einmal. Die Margen sind inzwischen so gering, dass sich die Produktion kaum noch lohnt. Am Ende sind beide Firmen angeschlagen. Sie können kaum noch kostendeckend arbeiten.

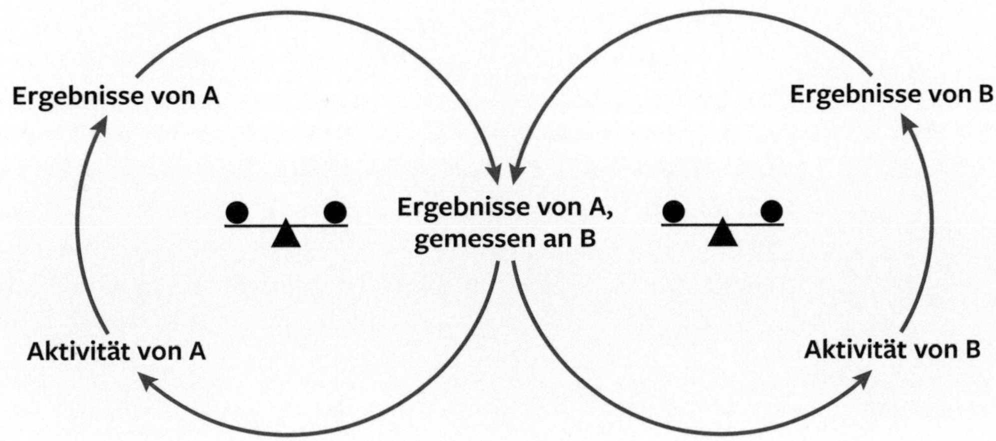

Wie sich die Dynamik darstellen lässt

Das Diagramm besteht aus zwei Kreisläufen, die unheilvoll miteinander verknüpft sind. Beide sind zunächst Gleichgewichtsschleifen, die zu einem Ausgleich streben. Weil man „mehr" erreichen will, entscheidet man sich zu einer *Aktivität* und erreicht dadurch das eigene Ziel, löst also die Spannung auf und schafft einen Ausgleich. Das Problem entsteht dadurch, dass es durch die Verknüpfung mit dem zweiten Kreis nicht mehr allein darum geht, das eigene Ziel zu erreichen, sondern darum, den anderen zu übertrumpfen. Es geht um die *Ergebnisse von A, gemessen an B.* Der Blick richtet sich auf das Handeln des Konkurrenten. Ist dieser erfolgreich, überflügelt er einen, so wird sofort eine neue Aktivität ausgelöst – mit dem Ziel, das Ergebnis noch einmal zu übertreffen. Dies schaukelt sich hoch. Weil die Gesamtbalance permanent gestört ist, entsteht auf diese Weise in der Verknüpfung der beiden Kreise das Muster einer (theoretischen) Endlosschleife in Form einer liegenden Acht. Der Prozess verstärkt sich immer weiter.

Welche Warnsignale Sie kennen sollten

Sie sollten hellhörig werden, wenn jemand sagt: „Wenn der andere endlich aufhört, könnten wir diesen Streit beenden und uns wieder anderen Dingen zuwenden."

Welchen Hebel Sie ansetzen können

Die Eskalation kann nur vorzeitig beendet werden, wenn beide Seiten eine neutrale Perspektive einnehmen und sich auf eine gemeinsame zukunftsfähige Strategie einigen. Halten Sie nach einer Möglichkeit Ausschau, wie beide Seiten einen Vorteil erzielen können. Nur wenn beide dazu befähigt werden, Ziele zu erreichen, können sie den Teufelskreis durchbrechen, der beiden schadet. Dabei hilft es, wenn Sie sich für einen Moment in die Gegenseite hineinversetzen – um mehr Verständnis für diese Position aufzubringen. Manchmal hilft es, demonstrativ „friedliche Aktionen" zu starten, damit die Eskalation durchbrochen wird und die andere Seite sich nicht mehr bedroht fühlt.

Wir sollten uns darüber klar werden, dass wir bei einer Eskalation das Gefühl haben, Opfer eines bedrohlichen Verhaltens eines Gegners zu werden – dabei tragen wir über unsere eigenen Aktionen dazu bei, die Eskalation weiterzuführen, statt sie zu beenden. Man kann die Dynamik der Eskalation übrigens auch für positive Entwicklungen nutzen: wenn die Performance, die Qualität, die eigenen Fertigkeiten etc. hochgeschraubt werden sollen.

TIPPS UND FRAGEN

- → Was verteidigen Sie in der Eskalation: etwas, was Sie tatsächlich substanziell bedroht? Oder geht es Ihnen um Gesichtswahrung oder Werte, die gar nicht mehr relevant sind?
- → Reflektieren Sie, was Sie über Ihren „Gegner" denken. Von welchen Annahmen gehen Sie aus? Treffen sie wirklich zu?
- → Wie könnten Sie sich über andere Charakteristika von Wettbewerbern absetzen?
- → Setzen Sie intern Anreize, die destruktive Eskalationen provozieren?
- → Überlegen Sie, in welchen Fällen Sie die Dynamik einer Eskalation positiv nutzen können, etwa wenn es darum geht, die Qualität zu erhöhen. Stellen Sie aber sicher, dass innerbetrieblicher Wettbewerb nicht das Bestreben aller untergräbt, gemeinsam ein langfristiges Ziel zu erreichen.

Archetyp „Widersacher wider Willen“

Der Archetyp in Kürze

Zwei Parteien, die zusammenarbeiten und sich gegenseitig unterstützen, distanzieren sich im Laufe der Zeit voneinander und werden zu erbitterten Feinden, weil sie (meist ungerechtfertigter Weise) glauben, vom anderen ungerecht behandelt zu werden. Es mangelt an der Fähigkeit, in dieser kritischen Phase gut zu kommunizieren. So kommt es zur Eskalation.

Was die Situation charakterisiert

Dieser Archetyp erklärt, warum Parteien (Kollegen, Teams, Unternehmen, Gesellschafter etc.), die sich eigentlich gegenseitig unterstützen könnten, zu erbitterten Feinden werden – wenn sie merken, dass sie zumindest teilweise um die gleichen Ressourcen konkurrieren oder sich in die Quere kommen. Die Angst, in der eigenen Entwicklung behindert zu werden, entzweit die einstigen Partner.

Konkurrenten, die ihren Außendienst zusammenlegen, um Kosten zu sparen, merken zum Beispiel irgendwann, dass sie Schwierigkeiten bekommen, sich bei neuen Kunden zu profilieren. Technologieunternehmen, die in einem regionalen IT-Cluster eng zusammenarbeiten, spüren irgendwann die Konkurrenz, wenn sie Stellen mit hochqualifiziertem Personal besetzen.

Anfangs gibt es für beide Parteien eine Win-win-Situation, sie profitieren beide von ihren Stärken und können ihre Schwächen ausgleichen. Gemeinsam erreichen sie das, was sie allein nicht schaffen könnten. Meist unabsichtlich unternimmt aber irgendwann eine der Parteien etwas, was die andere Seite als unangemessen interpretiert; dies entspreche nicht dem Geist der Zusammenarbeit. Schnell wird aus einem partnerschaftlichen Miteinander eine Gegnerschaft.

Statt gerade in solch kritischen Situationen den Austausch zu suchen, glaubt die angegriffene Partei, vorsätzlich angegriffen worden zu sein. So wird „Vergeltung“ geübt, obwohl es gut sein kann, dass die „aggressive“ Partei gar nichts Böses im Schilde führt. Sie fühlt sich ihrerseits angegriffen und schlägt zurück. Sobald sich die Partnerschaft in eine Gegnerschaft verwandelt hat, gleicht das Muster dem Archetyp der „Eskalation“.

Dieser Archetyp zeigt, wie schnell wir nur aufgrund von Annahmen handeln, ohne ausreichend zu kommunizieren. Das Verhalten der Gegenseite wird als feindlich interpretiert, es folgen Verdächtigungen oder unrealistische Erwartungen, die die andere Seite nicht erfüllen kann oder will. So schaukelt sich der Konflikt hoch. Würden die Parteien zum Dialog übergehen und ihre eigenen Annahmen überdenken, gäbe es noch die Chance zur Umkehr.

WIDERSACHER WIDER WILLEN: HÄNDLER-HERSTELLER-STREIT
Lange profitieren ein Hersteller und Händler voneinander, bis sich ihr Verhältnis verschlechtert: Um den Marktanteil auszubauen, beginnt der Hersteller, Preise zu reduzieren. Der Händler, für den diese Rabattaktionen Schwierigkeiten im Handling und zusätzliche Kosten bedeuten, reagiert, indem er sich mit großen Mengen der ermäßigten Produkte eindeckt und sie nach der Rabattaktion zum regulären Preis verkauft. Dies ärgert den Hersteller, weil der Händler sehr große Mengen zu diesem günstigen Preis bezogen hat. Auch führt die große Nachfrage zu Schwankungen in der Produktion. Die Situation eskaliert: Der Hersteller greift zu noch stärkeren Preisreduzierungen, der Händler füllt sein Lager noch stärker auf. Der Hersteller investiert in Rabattkampagnen auf Kosten neuer Produktentwicklungen. Der Händler dagegen konzentriert sich nicht auf das eigentliche Geschäft, die Versorgung von Endkunden, sondern auf den Kauf und die Lagerung ermäßigter Waren. Was sich beide Seiten durch ihre Aktionen an Gewinn erhofft haben, wird durch höheren Kosten aufgezehrt: Beide geben sich die Schuld an der Situation – und schaden sich gegenseitig.

Wie sich die Dynamik darstellen lässt

Dieses Muster veranschaulicht die scheinbar paradoxe Problematik der gegenseitigen Hemmung bei zu enger Kooperation. Zunächst handelt es sich um zwei einfache Wirkungskreise. Beide Seiten erkennen, dass sie sich in ihrem Erfolg gegenseitig unterstützen können – wie der größere äußere Kreis zeigt: Es ist eine sich selbst verstärkende Schleife. Wenn A mit B zusammenarbeitet, profitieren beide. Neben

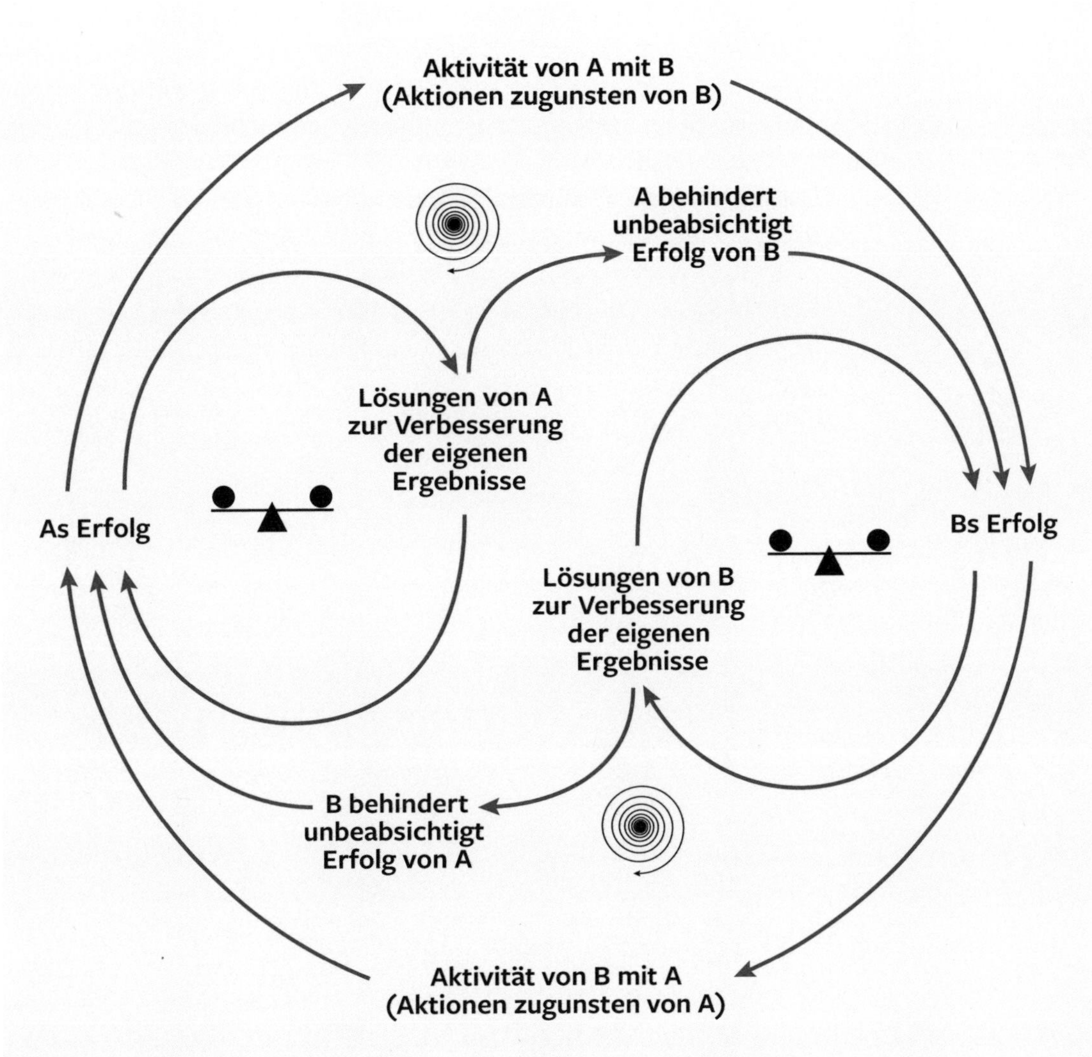

der Kooperation gibt es aber auch unabhängige Aktivitäten von A und B: Ohne dies zu beabsichtigen, beeinträchtigen diese Aktionen den Erfolg des anderen (wenn beispielsweise hochqualifiziertes Personal eingestellt wird). Die Verknüpfungen, die die beiden Kreise verbinden, wirken also gegenläufig und dämpfen sich gegenseitig. Für die Gesamtwirkung ist entscheidend, welche Wirkung dominiert: Positive Effekte werden möglicherweise durch negative überlagert.

Welche Warnsignale Sie kennen sollten

Merken Sie auf, wenn der Enthusiasmus, mit dem einst eine Kooperation mit einem Partner begonnen wurde, verschwunden ist und kaum mehr regelmäßig miteinander kommuniziert wird.

Welchen Hebel Sie ansetzen können

Entschärfen lässt sich diese Situation, indem Sie von vornherein gründlich analysieren, was eine Kooperation konkret bedeutet: Einigen Sie sich darauf, in welchen Bereichen Sie eng zusammenarbeiten wollen und wo Sie völlig unabhängig agieren, beispielsweise indem Sie unterschiedliche Ressourcen nutzen, andere Verfahren einsetzen oder Kundensegmente ansprechen, die sich nicht überschneiden. Wichtig ist, vorher abzuklopfen, an welchen Stellen es zu negativen Effekten kommen könnte.

Zweifeln Sie an einer bereits bestehenden Kooperation, so überlegen Sie, ob Sie die gemeinsame Zukunftsvision – der Grund, warum Sie einmal zusammengekommen sind – stärken können. Eine tiefer gehende gemeinsame Basis verhindert, dass durch einzelne Vorkommnisse oder Missverständnisse eine Dynamik ausgelöst wird, die eine wertvolle Partnerschaft zerbrechen lässt.

TIPPS UND FRAGEN

- → Sie stecken bereits in der Konfrontation? Dann vergegenwärtigen Sie sich, was Sie und die andere Partei einst dazu gebracht hat zusammenzuarbeiten: Was waren die Vorteile für beide Seiten? Sind sie heute noch aktuell?
- → Rekonstruieren Sie: Wie genau kam es zur Eskalation? Was war der erste Schritt? Und wo genau ist die Wurzel der negativen Haltungen?
- → Gibt es Anreize, die sich widersprechen und ein Verhalten fördern, das der anderen Seite schadet?
- → Welche Nebenwirkungen haben die Aktionen beider Parteien jeweils für den anderen? Oft neigt man dazu, die Auswirkungen des eigenen Handelns auf den anderen zu unterschätzen oder ganz zu übersehen. Versuchen Sie zu verstehen, welche Bedürfnisse Ihr Partner hat und wie Sie dazu beitragen.

Archetyp „Tragik der Gemeingüter“

Der Archetyp in Kürze

Dieser Archetyp zielt auf Gemeingüter, die in einer Organisation oder einem Unternehmen allgemein zugänglich, aber begrenzt sind. Eine fatale Dynamik entsteht, wenn Einzelpersonen bei der Nutzung dieser Güter nur an ihre individuellen Bedürfnisse, nicht aber an die Gemeinschaft denken. Sie beanspruchen die Güter so stark, dass sie schließlich erheblich dezimiert oder ganz erschöpft werden. Dann verlieren alle.

Was die Situation charakterisiert

Die „Tragik der Gemeingüter“ spielt eine große Rolle bei ökologischen Fragen, etwa der Überfischung der Meere oder der Überweidung landwirtschaftlicher Flächen. Auch in Unternehmen kann die Dynamik zum Tragen kommen, etwa beim Zugang zum IT-Support oder der Nutzung von Ruheräumen. Die Dynamik erinnert an das Muster der „Grenzen des Wachstums“. Allerdings gibt es Unterschiede in der Intensität und Wiederholbarkeit des Musters: Während bei den „Grenzen des Wachstums“ eine begrenzte Ressource *kontinuierlich* ausgebeutet wird, bis sie *langfristig* nicht mehr verfügbar ist, geschieht dies bei der Gemeingüter-Tragik nur, wenn zu viele Akteure gleichzeitig die Ressource nutzen; zudem geschieht die Ausbeutung jeweils in bestimmten Rhythmen, sodass sie immer nur *kurzzeitig* nicht verfügbar ist.

Der Anreiz, ein Gemeingut zu nutzen, entsteht dadurch, dass es frei verfügbar ist und man im Gegenzug nichts bezahlen muss. Je mehr man die Ressource nutzt, desto stärker profitiert man persönlich. Solange die Ressource ausreichend vorhanden ist, ist die Nutzung völlig in Ordnung. Problematisch wird es erst, wenn eine bestimmte Grenze überschritten wird und die Ressource allmählich zur Neige geht. Dann tritt ein fataler Effekt auf: Merken diejenigen, die die Ressource nutzen, dass sie rar wird, so verstärken sie ihre Bemühungen, sie zu nutzen, und beschleunigen damit die problematische Dynamik. Greift niemand ein, so ist es bald vorbei mit dem Zugang zu diesen Ressourcen: Sie sind schlicht erschöpft. Das lässt sich an zwei Beispielen illustrieren:

TRAGIK DER GEMEINGÜTER: REIN IN DEN RUHERAUM

Eine Firma richtet für Mitarbeiter einen Ruheraum ein, damit sie sich einmal zurückziehen können. Solange nur wenige den Raum aufsuchen, erfüllt er seinen Zweck. Es ist ruhig, fast meditativ. Die Kollegen genießen die Atmosphäre und gehen bereits nach kurzer Zeit regeneriert an die Arbeit zurück. Dies kommt dem gesamten Team zugute. Als sich herumspricht, wie gut man sich in diesem Raum entspannt, tun dies immer mehr Mitarbeiter. Irgendwann herrscht keine Ruhe mehr, im Gegenteil. So nimmt der Nutzen des Raums für alle rapide ab. Die Betriebsamkeit führt dazu, dass viele den Raum nicht mehr aufsuchen. Da beginnt er wieder seinen Zweck zu erfüllen – für die wenigen Mitarbeiter, die dort Stille finden.

TRAGIK DER GEMEINGÜTER: RUN AUF TOP-VERTRIEBLER

Ein größeres Unternehmen richtet Außenbüros ein, um den Absatz in wichtigen Regionen anzukurbeln. Abteilungen können auf die Außendienstmitarbeiter zugreifen. Als sich die ersten ermutigenden Erfolge herumsprechen, häufen sich schnell die Telefonate aus der Zentrale. Bald gibt es so viele Anfragen, dass die Außenbüros kaum mehr hinterherkommen, die Wünsche ihrer Kollegen entgegenzunehmen und sich mit ihnen abzustimmen. Ihnen bleibt kaum mehr Zeit, sich um wichtige Kunden zu kümmern. Genervt geben einige Vertriebler auf und verlassen die Firma. Schließlich gehen die Umsätze in den Regionen wieder zurück.

Wie sich die Dynamik darstellen lässt

Bei diesem Archetyp handelt es sich zunächst um zwei (oder sehr viel mehr) voneinander unabhängige, sich verstärkende Kreisläufe. Da sich diese Einzelaktivitäten auf das Gesamtsystem auswirken, werden sie miteinander gekoppelt und ergeben im Diagramm die *Gesamtaktivität.* Dadurch dass die Ressourcen insgesamt beschränkt sind, zeigt sich mit *Zeitverzögerung,* dass sich der Gewinn pro Aktivität reduziert. Dies drückt den Nettogewinn jedes Einzelnen. Im Diagramm werden zwei Nutzer mit ihren Aktivitäten gezeigt; ihre

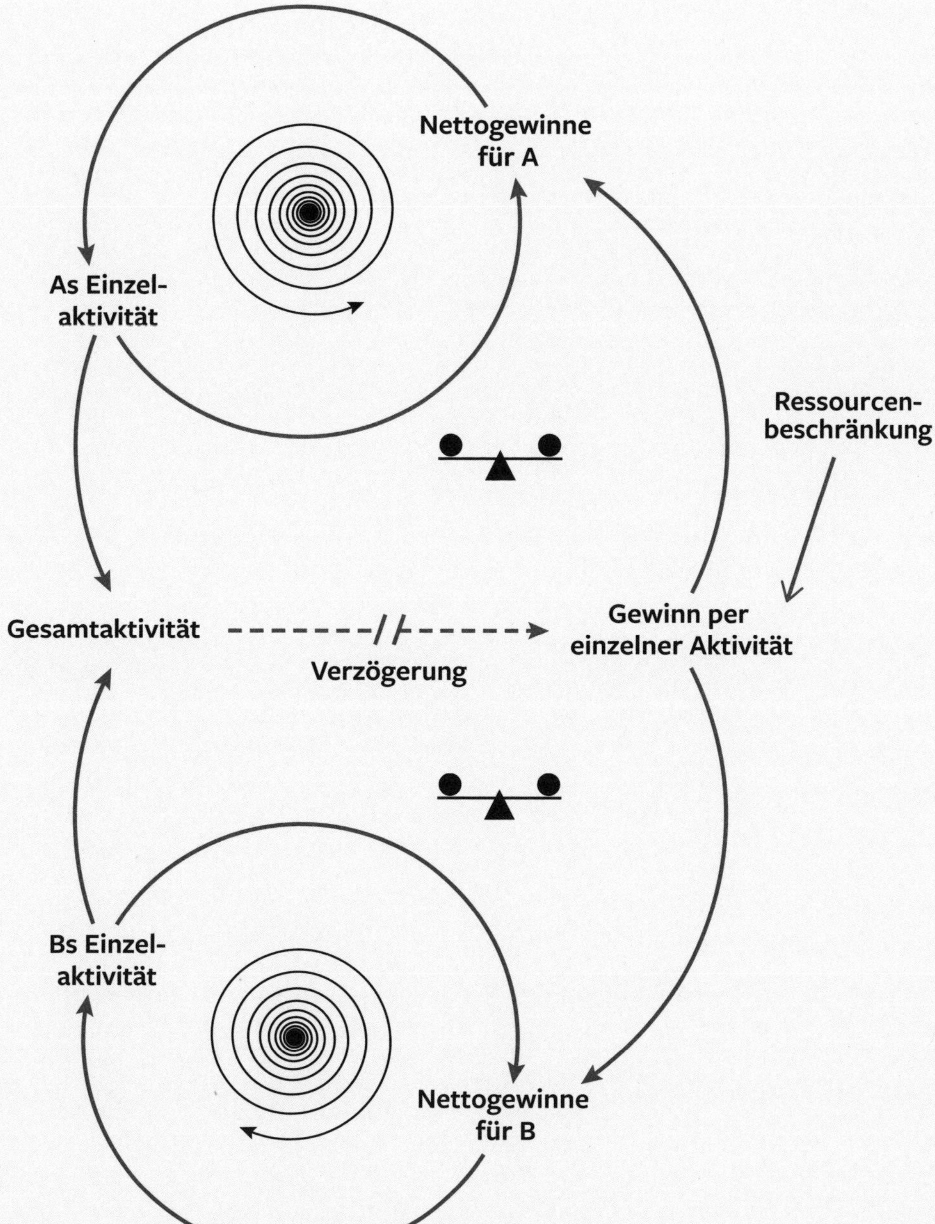
Nettogewinne
für A
As Einzel-
aktivität
Ressourcen-
beschränkung
Gesamtaktivität
Verzögerung
Gewinn per
einzelner Aktivität
Bs Einzel-
aktivität
Nettogewinne
für B

Dynamik im Zeitverlauf
Beim Muster der „Tragik der Gemeingüter" gibt es drei Phasen: Zunächst ist die Situation stabil, dann gehen die Ressourcen langsam zurück, bis sie schließlich rapide abnehmen – falls niemand einschreitet.

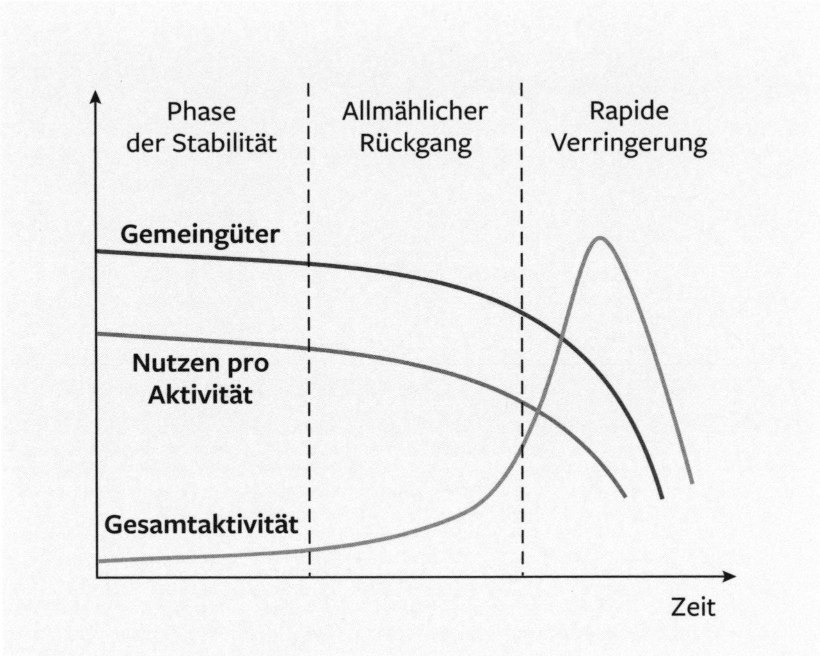

Anzahl könnte man beliebig ausweiten: Je mehr angesichts begrenzter Ressourcen einen Gewinn erzielen möchten, desto geringer fällt er für jeden Einzelnen aus und desto höher wird der Anreiz, die eigene Aktivität noch zu intensivieren. Dies wird durch die Gleichgewichtsschleifen gezeigt: Ein geringerer Nettogewinn wird durch eine höhere Einzelaktivität ausgeglichen, um wieder das gleiche Niveau zu erreichen – eine fatale Dynamik.

Es lohnt sich, auf die drei Phasen in dieser Dynamik zu schauen: Es ändert sich jeweils die Menge an Gemeingütern, die Aktivität der Nutzer und ihr persönlicher Nutzen. In der ersten Phase der Stabilität gibt es nur wenige Nutzer, die auf die Gemeingüter zugreifen. Ihr persönlicher Nutzen ist groß. Die Anzahl der Nutzer ist noch so gering, dass niemand an die Begrenztheit der Gemeingüter denkt. Diese Phase könnte unendlich andauern, solange der Verbrauch der Güter geringer ist als ihre Regeneration. Steigt die Anzahl der Nutzer an, so befinden wir uns in der zweiten Phase: Die Nutzer merken immer deutlicher, dass die Gemeingüter nicht mehr unbegrenzt zur Verfügung stehen. Immer mehr begreifen, wie attraktiv es ist, von den Gemeingütern zu profitieren. Ihre Zahl schnellt hoch, und der Nutzen pro Aktivität lässt langsam nach, was dazu animiert, die Gemeingüter noch schneller oder intensiver zu nutzen. Dies führt zu Phase drei: einer rapiden Verringerung der Gemeingüter. Die Nutzung ist so intensiv, dass die Ausbeutung immer schneller voranschreitet („Ich möchte auch noch etwas abkriegen …!“) und eine Regeneration kaum mehr möglich ist, wenn nicht eingegriffen wird.

Welche Warnsignale Sie kennen sollten

Wenn Sie mitbekommen, dass eine Ressource, die früher ausreichend vorhanden war, fast erschöpft ist und einige Mitarbeiter jetzt viel mehr Aufwand treiben, um sie zu erlangen, sind Sie wahrscheinlich in der Dynamik der „Tragik der Gemeingüter“ gefangen.

Welchen Hebel Sie ansetzen können

Machen Sie sich klar, dass sich solch eine Situation nie individuell, sondern nur im Team lösen lässt. Sorgen Sie dafür, dass die Gemeingüter nicht vollständig „geplündert“ werden: durch Anleitung, Selbstbeschränkung oder Gruppendruck. Animieren Sie die Mitarbeiter, am besten selbst Regeln für die Nutzung aufzustellen, sodass alle profitieren können – und die Gemeingüter tatsächlich ihren Nutzen für die Gemeinschaft behalten.

TIPPS UND FRAGEN

- → Um sich über die Dynamik klar zu werden, fragen Sie sich: Wie sehen die Anreize für diejenigen aus, die die Gemeingüter nutzen – trotz negativer Auswirkungen für die Gemeinschaft?
- → Wenn Sie selbst in solch einer Dynamik gefangen sind, haben Sie nur eine Chance auf einen Wandel, wenn Sie Ihren Mitarbeitern die langfristigen Folgen ihres Verhaltens, einen Verlust der Gemeingüter, möglichst konkret vor Augen führen.
- → Überlegen Sie, wie sich neue Strukturen installieren lassen, wie das Team gemeinsam mit den Gemeingütern umgehen kann, ohne dass sie geplündert werden. Wie lässt sich die Nutzung begrenzen?

„Nichts ist so erfolgreich wie das Scheitern. Und doch ist das Scheitern kein Erfolg“

BOB DYLAN

Kurzdefinitionen der wichtigsten System-Archetypen

→ **Fehlkorrekturen:** Die Lösung für ein Problem erweist sich zunächst als erfolgreich. Nach einer Zeit treten aber unbeabsichtigte Folgen auf, die weitere Korrekturen erfordern.

→ **Problemverschiebung:** Bei Schwierigkeiten wird so getan, als seien Schnellschüsse möglich. Sie verhindern aber richtige Lösungen und führen in eine Abhängigkeit.

→ **Grenzen des Wachstums:** Ausgeblendet werden die Faktoren, die ein Wachstum begrenzen. Es kommt zur Stagnation.

→ **Prinzip der Attraktivität:** Beim Wachstum treten mehrere limitierende Faktoren auf. Nicht alle können Priorität haben.

→ **Erodierende Ziele:** Ziele werden nicht erreicht und deshalb heruntergeschraubt, ohne den Ursachen auf den Grund zu gehen. Darunter leidet die Glaubwürdigkeit der Firma.

→ **Wachstum und Unterinvestition:** Es wird nicht ausreichend in Kapazitäten investiert. Dies bremst die Entwicklung und kaschiert eigene Schwächen.

→ **Erfolg den Erfolgreichen:** Jemandem wird so viel Aufmerksamkeit zuteil, dass andere mit Potenzial nicht gefördert werden. Dadurch werden Ressourcen verschwendet.

→ **Eskalation:** Verhaltensweisen eskalieren, weil angeblich die Unternehmensinteressen gewahrt werden sollen. Tatsächlich aber wird Schaden angerichtet.

→ **Widersacher wider Willen:** Eine Kooperation schlägt in Feindschaft um – aus Furcht, behindert zu werden.

→ **Tragik der Gemeingüter:** Egoismen führen zu einer so starken Belastung der Gemeingüter, dass sie erschöpft werden, wenn niemand eingreift.

Stammbaum der System-Archetypen

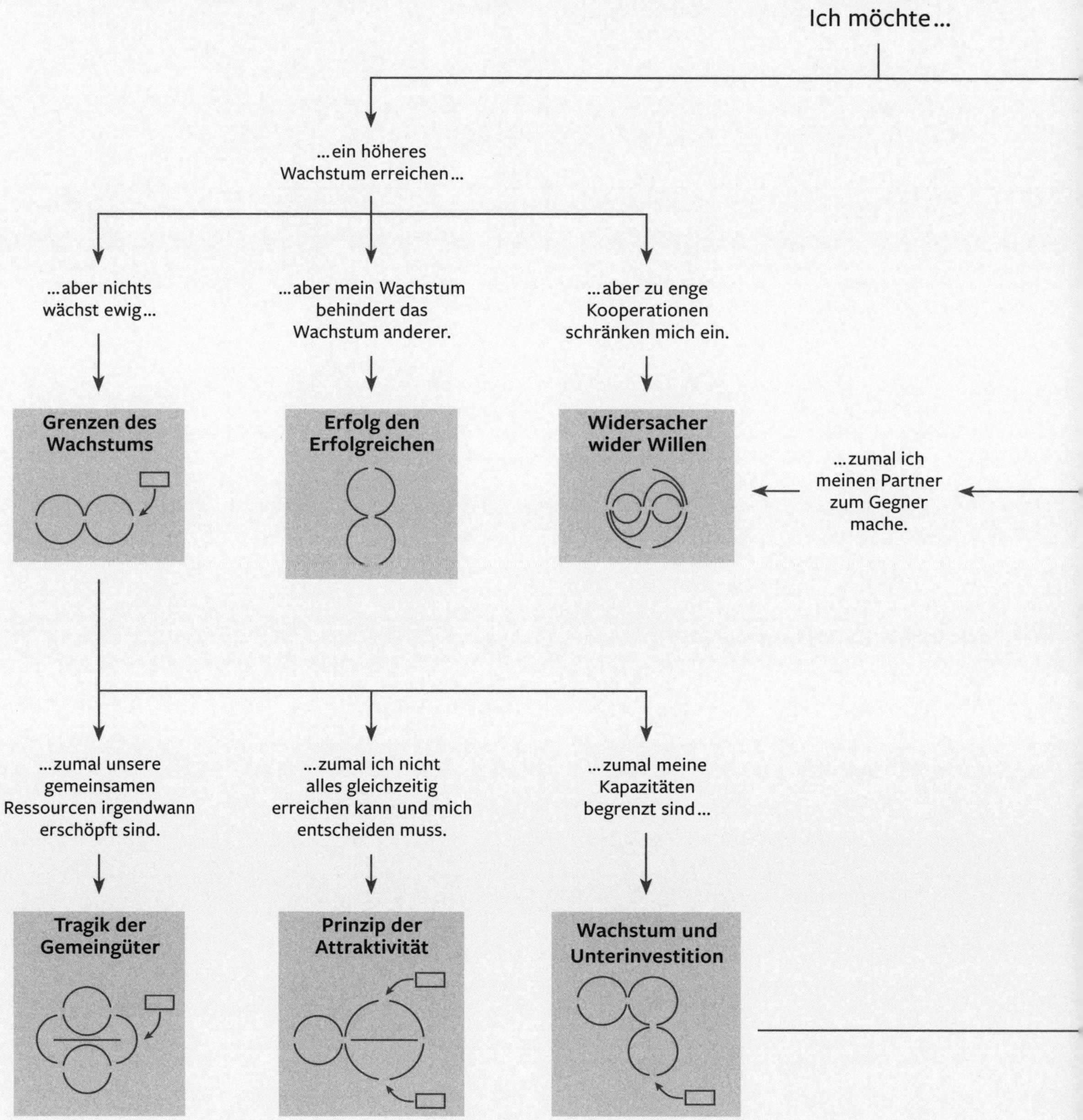

Wie Sie mit dem Stammbaum arbeiten können

Diese Darstellung der wichtigsten System-Archetypen zeigt Ihnen, wie verwandt die Struktur-Muster sind. Als Stammbaum wurden sie 1994 von Michael Goodman und Art Kleiner im „Fieldbook zur Fünften Disziplin“ angeordnet. An dieser Darstellung orientiert sich diese Grafik. Nutzen Sie den Stammbaum, um eigene Konstellationen wiederzuerkennen.

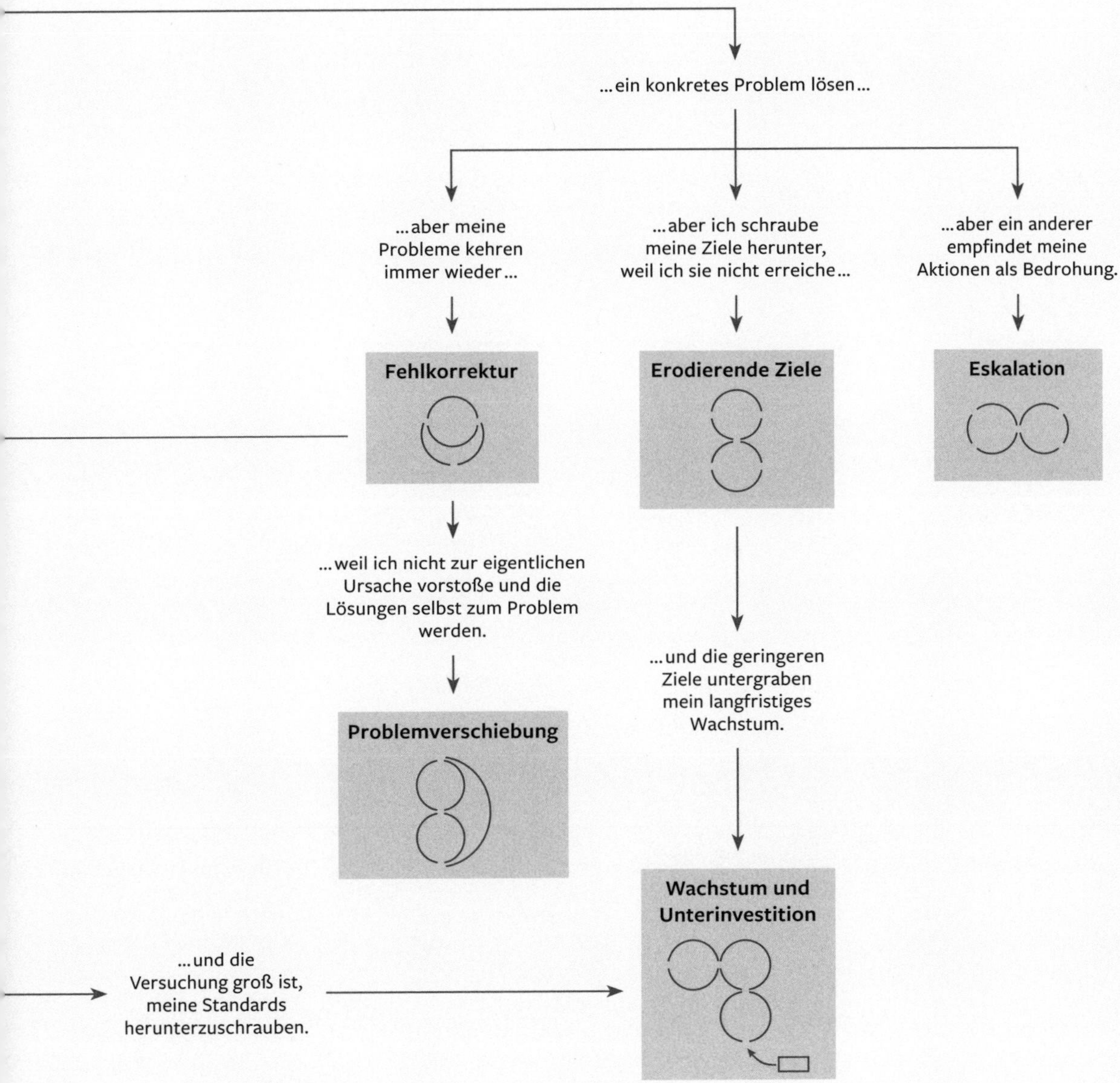

KAPITEL 4 – VISION

Was die Firmenkultur prägt

Es reicht nicht aus, auf Denkfehler und Verhaltensmuster gestoßen zu werden und wirksame Hebel kennenzulernen, mit denen man Entwicklungen in Systemen steuern kann. Fehler werden nur dann zur Chance für positive Veränderungen, wenn jeder sich mitverantwortlich fühlt und nicht alles vom Chef abhängt. Neben einer flachen Hierarchie bedarf es einer gemeinsamen, inspirierenden Vision, an der alle ihr Handeln ausrichten können.

„Was du kannst oder wovon du träumst, fang damit an! Mut hat Genie, Kraft und Zauber in sich“

JOHN ANSTER

KAPITEL 4 – VISION

Was die Firmenkultur prägt

Stellen Sie sich einen gewaltigen Eisberg vor, der aus dem Wasser ragt: weiß schimmernde Flächen, blaue Eis-Adern, dazu die Reflexion des gleißenden Lichts. So eindrucksvoll dieser Anblick auch sein mag – spätestens seit dem Untergang der „Titanic“ wissen wir, wie klein der Ausschnitt des Naturspektakels ist, den wir da zu Gesicht bekommen: Fast 90 Prozent des Eisbergs sind unter der Wasseroberfläche verborgen. Das meiste ist für uns unsichtbar.

Der Eisberg ist ein hervorragendes Bild für unser Wahrnehmen, Denken und Handeln: Wir lassen uns beeindrucken von dem, was wir sehen, und tauchen viel zu selten ab – unter die Oberfläche.

Wie im ersten Kapitel dargelegt, sind wir seit jeher darauf getrimmt, auf Ereignisse zu achten, auf handelnde Menschen. Sie drängen sich in den Vordergrund und beanspruchen unsere Aufmerksamkeit. Wir wollen wissen, was passiert, und ziehen daraus unsere Schlüsse: A trifft B, B trifft C, sie entwickeln D, und schon folgt daraus E. So erklären wir uns die Welt. Aus den Ereignissen, die wir wahrnehmen, schließen wir auf Verhaltensmuster. Das ist die zweite Ebene des Eisbergbildes, meist knapp unter der Wasseroberfläche. Dass wir – wie im zweiten Kapitel beschrieben – selbst in Verhaltensmustern gefangen sind, indem wir beispielsweise mit großer Leidenschaft Sündenböcke jagen, weil wir unser Selbstbild mit allen Mitteln verteidigen, wird uns nur selten bewusst. Noch eine Ebene tiefer, dorthin, wo vielfältige Wechselwirkungen und Abhängigkeiten – das Thema des dritten Kapitels – sichtbar werden, gelangt kaum jemand. Doch nur wer die charakteristischen Strukturen von Systemen erkennt, kann wirksame Hebel ansetzen.

Eigene Wahrnehmungs- und Denkfehler zu erkennen, Verhaltensmuster zu verstehen und die Dynamik von Systemen zu analysieren, reicht allerdings nicht aus. Es gibt eine weitere Ebene, die uns prägt: unsere Werte, Annahmen und Glaubenssätze. Diese „mentalen Modelle" haben einen großen Einfluss darauf, wie wir die Realität begreifen und uns verhalten.

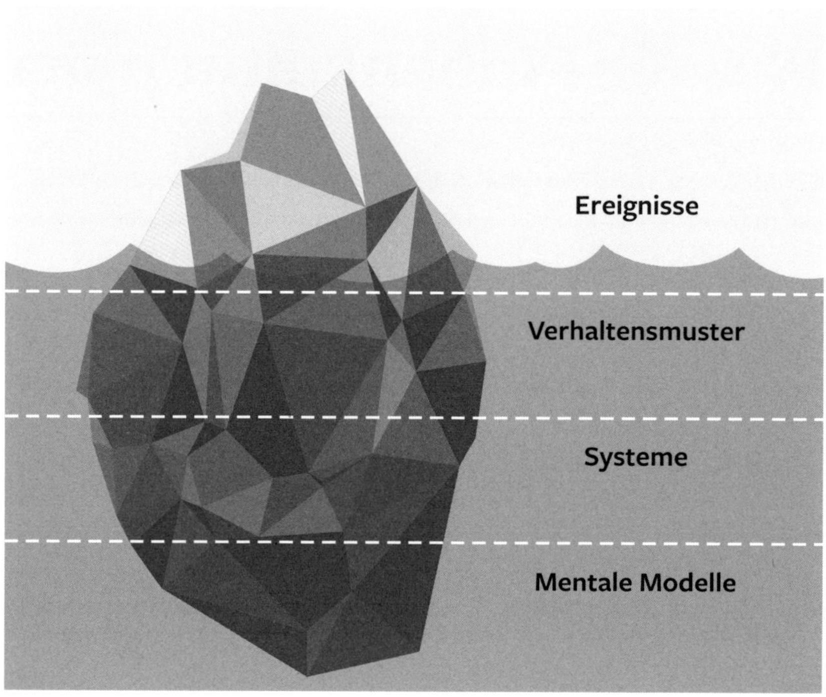

Eisberg-Modell
Die Systemforscherin und Umweltwissenschaftlerin Donella Meadows (1941–2001), die unter anderem mit ihrem Mann Dennis den 1972 Club-of-Rome-Bericht „Die Grenzen des Wachstums" schrieb, nutzte solch ein Eisberg-Modell oft, um systemisches Denken anzuregen.

Mentale Modelle

Jeder von uns hat tief verwurzelte Vorstellungen über die Realität. Ohne uns dessen bewusst zu sein, arbeiten wir ständig mit Annahmen, Verallgemeinerungen, Bildern und Symbolen. Sie prägen unsere Wahrnehmung und unser Handeln – mit konkreten Auswirkungen auch auf unseren unternehmerischen Alltag. Wir mögen noch so große Pläne schmieden, wenn sie unseren tiefsten Überzeugungen widersprechen, werden wir kaum in der Lage sein, sie mit Erfolg umzusetzen. Entsprechend wichtig ist es, sich darüber klar zu werden, von welchen Annahmen, von welchen mentalen Modellen, wir ausgehen. Wie sehen wir uns selbst oder unser Unternehmen? Welche Ideen leiten uns? Nur wenn wir wissen, was uns prägt, können wir auch etwas verändern. Deshalb sei es so wichtig, „den Spiegel nach innen zu kehren", rät Senge. „Wir müssen lernen, unsere inneren Bilder von der Welt aufzudecken, sie an die Oberfläche zu holen und einer kritischen Betrachtung zu unterziehen."

Dies betrifft nicht nur unser Selbstbild, sondern auch die Frage, wie Menschen in Unternehmen zusammenarbeiten. Der langjährige Harvard-Professor Chris Argyris (1923–2013), einer der Mitbegründer der Organisationsentwicklung, hat beschrieben, wie routiniert sich Teams dagegen wehren, ihre „mentalen Modelle" in Frage stellen zu lassen. Sie hassen negative Überraschungen, fürchten sich vor Gesichtsverlust oder Bedrohungen. Mit dem Begriff der „eingeübten Inkompetenz" hat Argyris unsere Fähigkeit beschrieben, uns „ungeheuer geschickt vor dem potenziellen Schmerz und den Bedrohungen, die von Lernsituationen ausgehen, zu schützen".

Wer produktiv mit Fehlern umgehen will, muss offen für Neues sein und Veränderung als Chance begreifen: eine anspruchsvolle Aufgabe – für einen selbst, aber auch für Teams. Selbstreflexion hilft uns dabei, zu verstehen, warum wir zu bestimmten Verhaltensmustern tendieren. Mentalen Modellen auf die Spur zu kommen ist wichtig, damit wir nicht auf der Grundlage unreflektierter Annahmen falsche Entscheidungen treffen; nur vertrauten Mustern zu folgen kann gefährlich sein. Hilfreich dabei ist der Blick auf die Dynamik von Systemen. Er zeigt meist schnell, dass wir von falschen Annahmen ausgehen, beispielsweise wenn wir intuitiv einfache Ursache-Wirkungs-Ketten voraussetzen, dann aber erkennen, wie komplex das Zusammenspiel unterschiedlicher Faktoren ist.

Wer die Chance ergreifen möchte, von Fehlern ausgehend in die Tiefe zu gehen, sollte sich vor allem auf zwei Aspekte konzentrieren, die eine große Wirkung auf das Unternehmen (und andere Organisationen) entfalten und stark von mentalen Modellen geprägt werden. Es geht zum einen um das Thema Hierarchie, wie also geführt wird und wie Entscheidungen getroffen werden, und zum anderen um die Frage nach der gemeinsamen Vision, an der wir unser Handeln ausrichten.

Ein Bewusstsein über die Denk- und Wahrnehmungsfallen, in die wir tappen können, wird nicht ausreichen, um erfolgreich zu agieren. Auch ein Verständnis, wie komplexe Systeme sich entwickeln, ist wichtig, reicht aber nicht aus. Es bedarf zudem eines Teams, das an einem Strang zieht, und eines Führungsstils, der ernst nimmt, dass traditionelle hierarchische Ansätze in einer komplexen, sich schnell ändernden Welt nicht mehr zeitgemäß sind. Eine erfolgreiche Zukunft werden diejenigen haben, denen es gelingt, sich auf der Grundlage gemeinsamer Ziele immer wieder neu auszurichten.

Abkehr von traditioneller Hierarchie

Was spricht dagegen, in einem Unternehmen alle wichtigen Entscheidungen dem Chef oder der Chefin zu überlassen? Solange diese Person gute Entscheidungen trifft, ist die Welt doch in Ordnung, könnte man einwenden. Nur: Wie hoch ist die Wahrscheinlichkeit, dass dies wirklich zutrifft? Und: Wer stoppt den Chef, wenn er eine fatale Entscheidung trifft, die die gesamte Firma gefährdet?

Hier lohnt es sich, auf eine Branche zu schauen, die sich seit Jahrzehnten professionell mit diesem Thema auseinandersetzt, weil jeder Fehler Menschenleben kosten kann: die Luftfahrtindustrie. Läuft im Cockpit etwas schief, so geht es schnell um Leben und Tod. Da hilft kein Schönreden und kein Selbstbetrug.

Fehler in der Luftfahrt
Die Federführung bei der Entwicklung eines neuen Fehlermanagements übernahmen anfangs die US-Luftfahrtbehörde und die Weltraumbehörde NASA. Ziel war es, nicht nach den Schuldigen zu suchen, sondern Fehlerursachen auf den Grund zu gehen, um künftige Unfälle und Katastrophen zu verhindern und die Sicherheit des Flugbetriebs zu erhöhen. Dabei half, dass Flugzeuge seit den 1970er-Jahren mit Flugdatenschreibern und Stimmrekordern ausgestattet wurden.

Es ist naheliegend, dass die Luftfahrtindustrie zu den Vorreitern eines modernen Fehlermanagements gehört. Über Jahrzehnte hinweg haben Fluglinien gemeinsam mit staatlichen Stellen systematisch Fehler analysiert. Anfang der 1980er-Jahre entstand daraus ein eigenes Trainingsprogramm – mit dem Ziel, die Zusammenarbeit und Kommunikation der Besatzung so zu verbessern, dass fatale Fehler möglichst verhindert werden.

Der Flugkapitän spielt weiterhin eine Schlüsselrolle, aber nicht in seiner früheren Rolle als einsamer Held, sondern im Zusammenspiel mit der Crew. An die Stelle einer starren Hierarchie ist ein kommunikativeres System getreten. Es lohnt sich, diese Prinzipien im Detail anzuschauen, da viele auch für den unternehmerischen Alltag relevant sind. Es ist vor allem ein Element, das sich im Zuge der Fehleranalysen der Luftfahrtindustrie als fatal herausgestellt hat: das zu große Machtgefälle zwischen Kapitän und Crew, in einem Unternehmen vergleichbar mit einem zu starken Chef, der quasi unangreifbar ist und sich mit zurückhaltenden Mitarbeitern umgibt, die sich seiner Autorität fügen und damit gravierende Fehler zulassen. Das kann fatal enden – im Flugzeug mit dem Tod.

Der Chef als Held – Mythos und Entzauberung

Der Chef spielt in der Luftfahrt nach wie vor eine wichtige Rolle. Der Kapitän genießt hohes Ansehen in der Öffentlichkeit, auch im Flugzeug hat er das Sagen, allerdings heute nur noch eingeschränkt. In der frühen Phase der Luftfahrt, seit den 1920er-Jahren, als der Personentransport mit Propellerflugzeugen kommerzialisiert wurde, feierte man den Piloten als strahlenden Helden. Über viele Jahre hinweg war die Technik der Flugzeuge noch nicht ausgereift. Ihre Kolbenmotoren waren fehleranfällig, es kam häufig zu Triebwerkausfällen. Als seit den 1970er-Jahren zuverlässigere Turbinentriebwerke eingesetzt wurden, hoffte man auf einen substanziellen Rückgang der Unfälle – vergeblich. Allmählich wurde den Experten klar, dass die Katastrophen weniger an der Technik lagen als an Fehlern der Cockpit-Besatzung.

Wo lag das Problem? Beim Flug mussten jeweils mehrere Menschen als Team zusammenarbeiten; anfangs waren dies ein Pilot, ein Co-Pilot, ein Bordmechaniker oder Flugingenieur, ein Funker und ein Navigator. Piloten wurde Autorität zugesprochen, entsprechend groß war ihr Ego, was sich in Krisensituationen negativ auswirkte, wie der Wissenschaftler Jan U. Hagen anhand der Analyse von Flugzeugabstürzen, insbesondere dem Verhalten der Crew, zeigen konnte: Vor allem „hierarchische Distanzen" machten es der Besatzung nahezu unmöglich, auf den Kapitän einzuwirken.

Dies lässt sich problemlos auf Unternehmen übertragen: Nur wenige Mitarbeiter trauen sich, ihre Vorgesetzten auf Fehler anzusprechen. Die Hemmschwelle ist hoch. Mitarbeiter geben Verantwortung ab, greifen nicht selbst ein und verlassen sich auf den Chef. Es hat bei Flügen viele kritische Situationen gegeben, in denen genau diese Konstellation zum Tod von Menschen führte. Die Autorität des Kapitäns und der Gehorsam der Besatzung waren so stark ausgeprägt, dass niemand Kritik am Chef übte.

HIERARCHISCHE DISTANZ: ABSTURZ DER TWIN OTTER ANE 248

Am 17. Juni 1979, abends um 22.58 Uhr, streift eine zweimotorige Twin Otter aus New York mit acht Passagieren und zwei Piloten an Bord beim Landeanflug auf den knapp 2,5 Kilometer entfernten Flughafen Hyannis auf Cape Cod mehrere Baumwipfel. Das Flugzeug, Air New England Flight 248, stürzt in den dichten Wald und bleibt mit abgerissenen Tragflügeln liegen. Die Passagiere werden vom Absturz völlig überrascht. Einige können sich schwerverletzt aus dem Wrack befreien; die Bäume haben die Wucht des Aufpralls gemindert. Auch der Co-Pilot überlebt schwer verletzt. Tot geborgen wird der Kapitän: Der 60-jährige George Parmenter galt mit mehr als 20000 Flugstunden als sehr erfahren. Was war passiert? Beim Landeanflug, es war neblig und dunkel, hatte der Kapitän einen Sinkflug eingeleitet, aber kurz darauf den vorgeschriebenen Gleitpfad unterschritten. Schnell verloren sie an Höhe. Der Co-Pilot meldete dem Kapitän jeweils die durchflogenen Höhen, erhielt von ihm aber keine Bestätigung der Ansagen – wie vorgeschrieben. Der Co-Pilot nahm dies kommentarlos hin. Selbst als die Höhe nur noch etwa 30 Meter betrug, schwieg er. Er schritt nicht ein. Das Flugzeug stürzte ab.

Der Co-Pilot sagt später, er habe angenommen, der Kapitän habe Sichtkontakt zur Landebahn gehabt, obwohl er selbst bei der Dunkelheit und dem Nebel nichts erkennen konnte. Bei der Obduktion des Kapitäns wird ein länger zurückliegender Herzinfarkt entdeckt, die Behörden weisen im Untersuchungsbericht auf den „verschlechterten körperlichen Zustand“ hin, der sein Verhalten ernsthaft beeinträchtigt habe. Es habe eine „Übermüdung“ vorgelegen.

Kritik üben die Behörden am passiven Verhalten des Co-Piloten: Er habe dabei „versagt, die Situation rechtzeitig zu erkennen und zu reagieren“. Es habe einen „Mangel an Koordination innerhalb der Crew“ gegeben. Warum griff er nicht ein, obwohl auch sein eigenes Leben auf dem Spiel stand?

Der Co-Pilot war 32 Jahre alt, fast halb so alt wie der Kapitän, der im doppelten Sinn sein Chef war. Parmenter war auch Mitinhaber der Fluggesellschaft. Der junge Kollege war erst zwei Monaten zuvor angestellt worden, mit einem jederzeit kündbaren Vertrag. Vielleicht wollte er sich keine Blöße geben: Wie hätte der Co-Pilot dagestanden, wenn er seinem Chef gesagt hätte, er könne keine Landebahn sehen? Hätte er damit womöglich seine Inkompetenz demonstriert? Kann man von einem Angestellten erwarten, sich in solch einer Konstellation gegen seinen Chef zu stellen?

Für den Wissenschaftler Jan U. Hagen – mit seinem Fokus auf Führungsverhalten – ist dieser Fall ein gutes Beispiel dafür, wie stark ein Hierarchiegefälle verinnerlicht werden kann und wie abhängig sich jemand fühlen kann. Die „restriktive Wirkung der Autorität" könne sich derart lähmend „auf den Untergebenen" auswirken, „dass dieser selbst in Notsituationen handlungsunfähig wird", resümiert Hagen. Die Autorität wirkte lähmend auf den Co-Piloten – so wie auch ein Unternehmer seine Mitarbeiter lähmen kann.

In einem zweiten Fall, der katastrophal endet, spielt das Machtgefälle ebenfalls eine wichtige Rolle. Wiederum wird der Kapitän nicht gestoppt:

HIERARCHISCHE DISTANZ: ABSTURZ DER JAL 8054

Früh am Morgen des 13. Januar 1977 ist die dreiköpfige Crew gemeinsam in einem Taxi auf dem Weg zum Flughafen Anchorage, von wo sie eine Japan-Airlines-Frachtmaschine vom Typ DC-8 mit Rindern nach Tokio fliegen sollen. Im Taxi sitzt der 53-jährige Kapitän Hugh Marsh mit zwei japanischen Begleitern: einem 31-jährigen ersten Offizier und einem 35-jährigen Flugingenieur. Beiden fällt auf, dass Marshs Gesicht gerötet ist, er unzusammenhängend und schleppend spricht und sich kaum auf den Beinen halten kann, als er das Taxi mühsam verlässt. Er scheint betrunken zu sein. Sie reagieren aber nicht, anders als der Taxifahrer, der die Zentrale anruft, die sich an die Airline wendet – zu spät. Spätestens in dem Moment, als Marsh Probleme hat, sich auf dem Flugplatz zu orientieren und die richtige Startbahn zu finden, muss den beiden Japanern klar sein, dass ihr Kapitän fluguntauglich ist. Sie schreiten aber nicht ein. Kurz nach dem Start bringt der Kapitän das Flugzeug in einen zu steilen Steigwinkel. Es kommt zum Strömungsabriss. Sie stürzen ab, alle Insassen sterben.

„Das Wesentliche ist für die Augen unsichtbar“

ANTOINE DE SAINT-EXUPÉRY

Warum melden die beiden Japaner Marshs Zustand nicht an die Airline? Warum greifen sie nicht ein? Selbst kurz vor dem Start hätten sie noch für einen Abbruch sorgen können – es wäre zum Eklat kommen, vielleicht zum Skandal. Aber: Sie hätten ihr Leben gerettet. Doch nichts dergleichen geschieht. Die Aufnahmen des Stimmrekorders dokumentieren, wie zunehmend verzweifelt die Äußerungen des Co-Piloten in den Minuten vor dem Start werden. Aber: Er tut nichts. Er ist offenbar in dieser Situation gehemmt und konfliktscheu. Wollte er Marsh aus falscher Rücksichtnahme schützen? Er scheint in dieser kritischen Lage auf das Beste zu hoffen, statt selbst etwas zu tun. Es wird schon alles gut enden.

Im Untersuchungsbericht zum Absturz der JAL 8054 werden dem Co-Piloten und dem Techniker später eine Mitschuld an dem Unfall zugesprochen. Zugleich wird gefordert, die Position der Besatzungsmitglieder künftig zu stärken, damit sie in Krisensituationen in der Lage sind, sich gegen den Kapitän durchzusetzen.

Autoritätsgläubigkeit und Verantwortungsdiffusion

Dass wir zu Autoritätshörigkeit neigen, ist seit den 1960er-Jahren wissenschaftlich belegt. Damals sorgte der amerikanische Psychologe Stanley Milgram weltweit für Aufsehen, als er Probanden im Rahmen eines Experiments bat, anderen Menschen Stromschläge zu verpassen – was sie bereitwillig taten. Die Anweisung kam ja von einer Autorität. Gefährlich ist dies vor allem deshalb, weil wir dazu neigen, Autoritäten zu folgen, selbst wenn dies keinen Sinn ergibt oder unserem Gewissen widerspricht. Wir entlasten uns dadurch in puncto Verantwortung: Der Chef wird's schon richten. Eigeninitiativen sind in solchen Konstellationen höchst unwahrscheinlich.

Dass die Neigung, auf Autoritäten zu hören, problematisch sein kann, haben inzwischen auch die Fluglinien verstanden. Bei der Lufthansa beispielsweise ist es heute als Teil des Fehlermanagements vorgeschrieben, dass sich Mitarbeiter an Bord duzen, selbst wenn eine Besatzung erstmals gemeinsam fliegt. Auch Sprache kann dazu beitragen, Hierarchien abzuflachen und Hürden abzubauen.

Konkrete Schritte, um aus den katastrophalen Fehlern zu lernen, wurden Ende der 1970er-Jahre eingeleitet. Die Häufung spektakulärer Abstürze hatte damals vor Augen geführt, dass etwas gehörig schieflief. Im Sommer 1979 luden die NASA und die amerikanischen Luftfahrtbehörden Forscher und Industrievertreter zu einem Workshop nach San Francisco ein. „Resource Management on the Flight Deck“ lautete der Titel der Tagung. Was den Teilnehmern nicht klar war – damals wurde der Grundstein zu einer neuen Führungskultur in der Luftfahrtbranche gelegt.

Zum Start des Workshops listete John K. Lauber vom Ames Research Center der NASA die häufigsten Pilotenprobleme auf, die in der Vergangenheit zu Unfällen und Abstürzen geführt hatten. Wer die Mängelliste heute liest, entdeckt starke Analogien zu Unternehmern. Hier sind die sieben gravierendsten Probleme von Piloten:

- → Sie sind damit ausgelastet, sich mit kleinen mechanischen Problemen zu beschäftigen.
- → Sie führen nicht angemessen.
- → Sie schaffen es nicht, Aufgaben zu delegieren und Verantwortung zu übertragen.
- → Sie scheitern daran, Prioritäten zu setzen.
- → Sie überwachen nicht ausreichend.
- → Sie nutzen zur Verfügung stehende Daten nicht.
- → Sie versagen darin, ihre Absichten und Pläne zu kommunizieren.

Die Kehrseite dieser dominanten „Macho-Piloten“ sind äußerst zurückhaltende Crews. Sie schalten sich kaum ein, selbst dann nicht, wenn gravierende Fehler passieren. Und das kann in der Luftfahrt in Katastrophen enden.

Der Sozialpsychologe Robert L. Helmreich (1937–2012), der beim NASA-Workshop als Experte geladen war, begründete dieses Verhalten mit dem Phänomen der Verantwortungsdiffusion: Wenn man davon überzeugt sei, dass jemand anderes handle und die Verantwortung übernehme, gehe die eigene Wachsamkeit zurück. Die Forscher hatten sich intensiv mit diesem Phänomen beschäftigt, nachdem es 1964 in New York zu einem aufsehenerregenden Verbrechen gekommen war:

DER ZUSCHAUEREFFEKT: VERGEWALTIGUNG IN NEW YORK

Die 28-jährige New Yorkerin Catherine Susan Genovese wird in der Nacht zum 13. März 1964, als sie morgens um 3.15 Uhr nach Hause geht, nur rund 30 Meter von ihrer Wohnungstür entfernt von einem Mann angegriffen. Der Täter sticht auf die Frau ein und beginnt sie zu vergewaltigen. Mehrere Nachbarn hören die Schreie, rufen aber nicht die Polizei. Als schließlich ein Nachbar das Fenster öffnet und laut fragt, was los sei, rennt der Täter davon, kehrt aber kurz darauf zurück. Nochmals vergewaltigt er das Opfer und sticht auf die Frau ein. Als die Polizei schließlich eintrifft – ein Nachbar hat doch noch Alarm geschlagen – ist es zu spät: Die Frau erliegt ihren Verletzungen. Untersuchungen ergeben, dass während des 30-minütigen Angriffs 38 Personen in der Nähe waren, die Teile dessen, was geschah, gesehen oder beobachtet hatten. Kein Einziger griff ein.

Der grausame Mord schockierte die Bevölkerung. Wie konnte es dazu kommen?, fragten sich Psychologen und erforschten intensiv diesen Zuschauereffekt, der als Genovese-Syndrom bekannt werden sollte: Warum greifen Augenzeugen eines Unfalls oder Verbrechens mit nachlassender Wahrscheinlichkeit ein, wenn weitere Zuschauer zugegen sind? „In solchen Situationen", erklärte Psychologe Helmreich den Luftfahrtspezialisten, „haben Individuen ein geringeres Verantwortungsbewusstsein. Vielleicht unbewusst haben sie das Gefühl, andere würden sich um den Vorfall kümmern."

Solch eine „Verantwortungsdiffusion" komme auch im Cockpit vor: Es sei möglich, dass die Wachsamkeit der Crews verringert sei, wenn sie dem Kapitän vertrauten – selbst dann, wenn ihnen völlig klar sei, welche Verantwortung sie für das Flugzeug tragen. Die Botschaft: Ein dominanter, allzu selbstgefälliger Chef kombiniert mit einem passiven Team – das kann tödlich enden.

Nur wenn die Besatzung optimal zusammenarbeite, ließen sich gefährliche Vorfälle reduzieren, so die Überzeugung der Forscher. Das Klima spiele eine entscheidende Rolle: „Crews, die stark zusammenhalten, zeigen eine höhere Performance." Um die Situation zu verbessern, müsse sich das Selbstverständnis der Crew und der Piloten verändern.

Auch im Training sollte der Fokus nicht mehr allein auf den Piloten, sondern auf das Zusammenspiel der gesamten Crew gelegt werden.

Aus jenem Workshop in San Francisco erwuchs, über viele Jahre hinweg, ein professionelles Trainingsprogramm, das heute weltweit eingesetzt wird. Anfangs hieß es „Cockpit Resource Management", dann „Crew Resource Management" (CRM), als klar wurde, wie wichtig es ist, das gesamte Team einzubeziehen. Heute ist das Training Bestandteil jeder Pilotenausbildung.

Was in der Luftfahrt trainiert wird, ist auch für Unternehmer relevant, die ebenfalls in prekäre Situationen kommen. Hier kommt ein Überblick über CRM-Inhalte – in Fragen umformuliert, die besser auf den unternehmerischen Kontext passen:

Planen: Wie gestalte ich Pläne so, dass klar wird, wer wann welche Aufgaben zu erledigen hat?

Kommunizieren: Wie erteile ich klare Aufträge? Wie erhalte ich genaue Auskünfte? Wie gebe ich nützliches Feedback?

Entscheiden: Wie sorge ich dafür, dass meine Entscheidungen fundiert und nachvollziehbar sind? Wurden zuvor Alternativen geprüft?

Führen: Wie trage ich dazu bei, dass alle gut zusammenarbeiten, auf dem aktuellsten Stand sind, sich weiterentwickeln können und eine gute Atmosphäre herrscht?

Unterstützen: Wie trage ich dazu bei, dass sich alle gegenseitig unterstützen und jeder nicht nur einen Blick für seine eigenen Aufgaben, sondern für die ganze Organisation entwickelt?

Diese Inhalte zeigen, wie stark die Abkehr von einer traditionellen Hierarchie ist, die lange vom militärischen Prinzip „Command and Control" geprägt war – mit einem Befehlshaber, einem Commander, der die Richtung vorgibt und anschließend kontrolliert, inwieweit seinen Anweisungen Folge geleistet wird.

Dass ein anderer Führungsstil in der Praxis keineswegs immer gelebt wird, auch nicht in der Luftfahrt, zeigt die Untersuchung zum Absturz der Weltraumfähre „Columbia“ aus dem Jahr 2003 – ein Rückschlag für die Raumfahrt. Dass es versäumt wurde, das Wissen des gesamten Teams in die Entscheidungen einfließen zu lassen, hatte damals fatale Auswirkungen.

RIGIDE HIERARCHIE: ABSTURZ DER RAUMFÄHRE „COLUMBIA“

Nach zweiwöchigem Flug bricht die Raumfähre am 1. Februar 2003 beim Wiedereintritt in die Erdatmosphäre, 16 Minuten vor der geplanten Landung, in einer Höhe von 63,1 Kilometern über Texas auseinander. Die sieben Astronauten sterben. Der Untersuchungsbericht gibt als eine Ursache ein beim Start abgefallenes Stück Isolierschaum des Außentanks an; es habe ein Loch in die Vorderkante des linken Flügels geschlagen, durch das beim Wiedereintritt heißes Plasma eingetreten sei. Dies habe die Raumfähre auseinanderbrechen lassen. Genauso entscheidend sei aber die „organisatorische Kultur“ der NASA gewesen, unter anderem die rigide Hierarchie: Warnungen von Ingenieuren über das mögliche Ausmaß der beim Start erlittenen Schäden seien nicht ausreichend berücksichtigt worden, „auch wegen der Hierarchie“. Vorschnell habe sich das Management auf einen Konsens geeinigt und versäumt, Alternativen zu prüfen. Es habe gravierende Mängel in der Kommunikation gegeben. Die NASA, so die Kritik, zeige „nicht die Charakteristika einer lernenden Organisation“.

Die NASA ist nicht allein in ihren Bemühungen, eine „lernende Organisation“ zu werden. Auch Unternehmen kämpfen mit der Ablösung traditioneller Strukturen, die angesichts neuer Generationen und sich wandelnder Märkte kaum noch Zukunft haben. Der Dreiklang Planung/Organisation/Kontrolle – Systemforscher Peter M. Senge spricht gar von der „heiligen Dreifaltigkeit des Managements“ – wird durch neue, eher dezentrale und vernetzte Strukturen abgelöst, die stärker auf Werte und Ziele, auf Vertrauen und Eigenverantwortlichkeit zielen.

„Was lange leben will, muss dienen. Was aber herrschen will, das lebt nicht lange“

HERMANN HESSE

Der Kulturhistoriker Manfred Osten hat darauf hingewiesen, dass auch das Gehirn bei der Bewältigung komplexer Probleme nicht hierarchisch, sondern mit einer „dezentralen Strategie“ vorgehe und damit „im Ergebnis wesentlich schneller und effizienter beim Vermeiden von Irrtümern und Fehlern ist als jene hierarchisch organisierten Entscheidungssysteme, die wir in Politik und Wirtschaft praktizieren“. Mit zunehmender Komplexität der Probleme steige das Fehler- und Irrtumsrisiko in hierarchisch organisierten Systemen exponentiell an: Ein Zuviel an zu bewertenden Informationen, so die Erkenntnis der Hirnforschung, überfordere die Entscheidungsträger und führe dazu, dass Informationen fatalerweise vorsorglich unterdrückt oder eliminiert würden.

Vernetzung statt Hierarchie – was auf diese Weise entsteht, ist eine neue Form der Zusammenarbeit. Die Ablösung von einer traditionellen Hierarchie bringt auch die Chefs – und andere Führungskräfte – in eine neue Rolle. Robert K. Greenleaf (1904–1990) hat dafür den Begriff „Servant Leadership“ geprägt – inspiriert von Hermann Hesses Erzählung „Die Morgenlandfahrt“ aus dem Jahr 1932, in der die Figur Leo, eigentlich der „Oberste der Oberen“, eine solch große, integrative Kraft entwickelt, weil er in die Rolle eines Dieners schlüpft. Nicht an der Spitze zu stehen, sondern anderen zu dienen, sei die zentrale Motivation großer Führungspersönlichkeiten, schrieb Greenleaf 1977 in seinem einflussreichen Buch „Servant Leadership. A Journey into the Nature of Legitimate Power & Greatness“. Wahre Führungskräfte treibe nicht der Machtwille oder materieller Besitz an, sondern der Wunsch, anderen zu dienen. Sie legitimierten sich dadurch, dass andere ihnen vertrauten. Ihre Aufgabe bestehe vor allem darin, das Team zu fördern.

Ob dies gelinge, lasse sich daran erkennen, ob sich die Mitarbeiter persönlich weiterentwickeln: „Werden sie dabei gesünder, klüger, freier, autonomer, und wird es wahrscheinlicher, dass auch sie selbst zu Dienern werden?“, fragt Greenleaf. Führungskräfte, die sich in einer dienenden Rolle sehen, würden einen höheren Zweck verfolgen. Sie verfügen über eine Vision, sehen, wie stark sie sich von der gegenwärtigen Realität unterscheidet, und ziehen aus dieser „kreativen Spannung“ die Motivation, etwas zu bewegen. Dies sei der Antrieb für Wandel, so Greenleaf.

Systemforscher Senge, der den Begriff der „lernenden Organisation“ stark geprägt hat, greift Greenleafs Ideen auf. In einer lernenden Organisation seien Führungskräfte „Designer, Dienstleister und Lehrer“. Es sei wichtig, vom traditionellen Bild des Helden Abstand zu nehmen, mit dem Unternehmer und Führungskräfte lange beschrieben wurden. „Solange solche Mythen weiterbestehen, verstärken sie die Konzentration auf kurzfristige Ereignisse und charismatische Helden und lenken uns von systemischen Kräften und einem kollektiven Lernen ab“, warnt Senge.

Nicht alles müsse von einer herausragenden Führungspersönlichkeit gesteuert werden. Auf einem großen Ozeandampfer beispielsweise gebe es natürlich einen Kapitän, aber auch einen Navigator, der den Kurs festlegt, einen Ingenieur, der unter Deck die Kessel schürt, und jemanden, der dafür sorgt, dass alle miteinander kommunizieren. Wer aber, fragt Senge, hat einen prägenderen Einfluss als der Konstrukteur, der Designer des Schiffes? „Eine schlecht geplante Organisation zu leiten“, so der Forscher, „ist ein fruchtloses Unterfangen.“

Man sollte nicht unterschätzen, was es auch für die Fehlerkultur eines Unternehmens bedeutet, wenn Hierarchien flacher werden, wenn das Machtgefälle zwischen Mitarbeitern und Führungskräften, das nicht nur im Cockpit massive Fehler begünstigt, verringert wird. Es ist ein wichtiger Beitrag zu mehr Offenheit und erhöht die Chance, dass Menschen bereit sind, über Fehler zu sprechen und etwas zu verändern.

Unser Führungsverständnis spiegelt wider, was uns ausmacht und wichtig ist: unsere Werte. Hier geht es um mehr als um eine nüchterne Betrachtung, welcher Führungsstil wohl in welcher Situation am besten passen könnte. Es geht um das Selbstverständnis und die eigene Rolle, aber auch um die Frage, was wir dem Team zutrauen und wie wir die Zukunft bewerten – lauter Aspekte, die unsere Annahmen über die Welt berühren: mentale Modelle.

Ein Beispiel, was dies konkret bedeuten kann, liefert der Inhaber des Coppenrath-Verlags („Prinzessin Lillifee“, „Capt’n Sharky“), Wolfgang Hölker. Im Rückblick auf sein Leben ärgert er sich über die Sätze, die er jahrzehntelang im Kopf hatte und ihn prägten, etwa „Wer glaubt, dass Geschäftsführer Geschäfte führen, glaubt auch, dass Zitronenfalter Zitronen falten“. Wen solche Sätze über viele Jahre begleiten – selbst dann, wenn einem dies nicht immer bewusst ist –, dem wird es schwerfallen, loszulassen und Nachfolgern Verantwortung zu übertragen. Hier ein Auszug aus Wolfgang Hölkers Fehler-Bekenntnis, das er verfasste, als er 65 Jahre alt war:

> SPÄTE NACHFOLGE: DER FALL WOLFGANG HÖLKER
> „Warte nicht auf andere, mach es selbst“, lautete ein Kernsatz, den ich auch auf meine Mitarbeiter bezog. Aber häufig war ich unzufrieden. Es gibt ja den schönen Satz: „Wer glaubt, dass Geschäftsführer Geschäfte führen, glaubt auch, dass Zitronenfalter Zitronen falten.“ Letztlich bin ich es, der für den Verlag geradestehen muss, und so lief lange alles bei mir zusammen. Das war ein großer Fehler. Ich hätte sehr viel früher Mitarbeitern die Möglichkeit geben sollen, selbstständiger zu arbeiten. (…) Ich wollte alles selbst machen. Es ging dabei vor allem um mein eigenes Ego. Wenn ich anderen etwas übertrage, muss ich auch damit leben, dass sie es anders machen. Nur so kann man Breite und Vielfalt erreichen.“ („Mein größter Fehler“)

Gemeinsame Vision: Ziele miteinander teilen

Neben unserem Führungsverständnis, das widerspiegelt, was uns im Tiefsten ausmacht, zum Beispiel unser Zutrauen zu anderen, gibt es einen weiteren Aspekt, der für die Weiterentwicklung eines Unternehmens entscheidend ist: eine gemeinsame Vision. Woran richten wir unser Handeln aus?

Wenn es keinen (autoritären) Chef mehr gibt, der mit seiner vermeintlichen Klugheit oder Erfahrung alles entscheidet, sondern die Ideen, das Engagement und die Verantwortung der Mitarbeiter eine größere Rolle spielen, dann bedarf es eines gemeinsamen Ziels: Was wollen wir erreichen?

Nur wenn es auf diese Frage eine überzeugende Antwort gibt, wird es langfristiges Engagement geben können. Ohne gemeinsame Werte, Ziele und Botschaften wird es kaum gelingen, ein Team zusammenzuhalten und gemeinsam erfolgreich zu sein. Dazu braucht man eine Unternehmensvision: ein klares Bild einer erfolgreichen gemeinsamen Zukunft. Im Kern beantwortet sie drei Leitfragen:

Was? Wie sieht das Bild der Zukunft aus, die wir erschaffen wollen?

Wozu? Was ist der Zweck dessen, was wir tun – jenseits materieller Erträge? Was ist unser Auftrag?

Wie? Was sind unsere Werte? Wie leiten sie uns im Alltäglichen, und wie werden wir damit unserem Auftrag gerecht?

Der Blick in die Zukunft ist nicht von Angst, sondern von Zuversicht geprägt – als wichtige, verlässliche Quelle für eine Weiterentwicklung. Wer unternehmerisch denkt, glaubt an die Kraft, etwas gestalten zu können. Stark ist eine Vision dann, wenn sie etwas bewirkt, wenn sie Menschen dazu motiviert, einen Beitrag dazu zu leisten, dieses Bild der Zukunft Wirklichkeit werden zu lassen. Gerade aus der Kluft zwischen grauer Realität und einer inspirierenden Vision lässt sich Kraft für Veränderungen schöpfen. Wenn alle ein gemeinsames Ziel vor Augen haben, fällt es leichter, Entscheidungen zu treffen, die dazu beitragen, das Ziel auch zu erreichen.

Was eine Vision stark macht: sechs Empfehlungen

Was aber macht eine gute Vision aus? Hier ein paar Tipps aus der Praxis mit Mittelständlern, die Visionen (zum Teil begleitet von der impulse-Akademie) erfolgreich eingesetzt haben:

Eine Vision ist konkret, nicht abstrakt. Sie ist ein präzises, inspirierendes Bild einer erfolgreichen Zukunft – und zwar zu einem konkreten Zeitpunkt. Das Ziel, „irgendwann ins All vorzudringen", ist abstrakt. „Dass ein Mensch den Mond betritt", ist dagegen ein konkretes Ziel. Genau dies geschah in den 1960er-Jahren: Am 25. Mai 1961, sechs Wochen, nachdem der sowjetische Kosmonaut Yuri Gagarin erstmals den Weltraum erreicht und mit einem Raumschiff die Erde umrundet hatte, hielt John F. Kennedy eine Rede im Kongress. Der amerikanische Präsident sagte: „Ich glaube, dass diese Nation sich verpflichten sollte, bevor das Jahrzehnt zu Ende geht, das Ziel zu erreichen, einen Mann auf dem Mond landen und ihn sicher zur Erde zurückkehren zu lassen."

Acht Jahre später war es so weit, am 20. Juli 1969 setzte Neil Armstrong als erster Mensch seinen Fuß auf den Mond – ein spektakulärer Erfolg der „Apollo 11"-Mission. Es fiel der berühmte Satz: „Das ist ein kleiner Schritt für den Menschen, ein riesiger Sprung für die Menschheit." Denken Sie also an den Mann auf dem Mond: Nur wenn eine Vision mehr ist als eine Absichtserklärung, sie ein konkretes Bild der Zukunft zeichnet, werden Sie Menschen dafür begeistern und etwas bewegen.

Eine Vision beschreibt keine Wünsche, sondern eine abgeschlossene Zukunft. Die Grundfrage einer Vision zielt in die Zukunft: „Was wollen wir erschaffen?" Die Antwort sollte nicht im ungewissen Futur I („Das werde ich machen!") formuliert werden, sondern im Futur II, der grammatikalischen Form der „vollendeten Zukunft". Es wird so formuliert, als sei die Zukunft längst eingetreten: „Das werde ich gemacht haben!" Für Spitzensportler sind solche Techniken, sich die Zukunft zu vergegenwärtigen, selbstverständlich, etwa wenn es darum geht, sich beim Training zu motivieren oder im Wettkampf die letzten Reserven zu mobilisieren. Dann stellen sie sich das Gefühl beim Zieleinlauf vor oder sehen sich selbst, wie sie (bereits) auf dem Siegerpodest stehen – obwohl der Wettbewerb noch gar nicht angefangen hat. Sie machen sich ein möglichst konkretes Bild vom zukünftigen Erfolg.

Für Unternehmer liegt darin ebenfalls eine Chance: Je konkreter sie vor Augen haben, was sie erreicht haben werden, desto höher ist die Wahrscheinlichkeit, dass ihnen dies auch gelingt. Die Kunst besteht darin, eine Vision zu entwerfen, die zwar anspruchsvoll und inspirierend, zugleich aber auch strategisch sinnvoll und machbar ist. Haben wir von Anfang an keine Chance, unsere ehrgeizigen Ziele zu erreichen, so verwandelt sich solch eine Vision schnell in eine „großartige Fantasie", wie der Unternehmer Ari Weinzweig warnt. Damit aber würden wir eine große Chance vertun.

Visioning
Eine der besten Darstellungen davon, was eine starke Unternehmensvision ausmacht, stammt von dem amerikanischen Mittelständler Ari Weinzweig aus seinem inspirierenden Buch: „Building a Great Business“. Empfehlenswert sind vor allem die Kapitel „Writing a Vision of Greatness“ und „Revisiting the Power of Visioning“.

Eine starke Vision macht sich nicht von externen Faktoren abhängig, etwa dem Verhalten von Wettbewerbern. Im Kern geht es in einer Unternehmensvision um das, was das Team aus eigener Kraft erreichen möchte. Sich gegen andere durchsetzen zu wollen mag ein kämpferischer Ansatz sein, der viele motiviert. Wichtiger aber ist es, auf seine eigenen Werte und Ziele zu achten, also nach innen zu schauen. Eine gemeinsame Vision trägt dazu bei, sich klarzumachen, wie die eigene Arbeit einen Beitrag dazu leistet, einen höheren Zweck zu erfüllen.

Eine gute Vision wird vom gesamten Team mitgetragen und geteilt. Damit eine Vision eine Wirkung entfaltet, darf es sich nicht nur um die Vision des Chefs oder der Führungskräfte handeln. Das bedeutet in der Regel, dass den Mitarbeitern keine fertige Vision vorgelegt wird, sondern sie aktiv beteiligt werden. Ansonsten werden Sie zwar Kollegen erleben, die sich (mehr oder minder freiwillig) mit den Firmenzielen einverstanden erklären, aber sich nicht persönlich engagieren. Das können Sie nur erwarten, wenn das Team auch die Chance hatte, eigene Ideen einzubringen. Dann wird es sich mit dem Ergebnis ganz anders identifizieren.

Vielleicht hilft es, sich zu vergegenwärtigen, was es bedeutet, eine *gemeinsame* Vision zu entwickeln. Zunächst einmal hat jeder Einzelne eine persönliche Vision, selbst wenn sie nur ein vages Gefühl und nicht schriftlich dokumentiert ist. Jeder Einzelne hat Werte, Sorgen und Sehnsüchte, die zumindest in Teilen in eine gemeinsame Vision hineinspielen könnten.

Die Kunst besteht darin, aus lauter einzelnen Vorstellungen eine gemeinsame Vision entstehen zu lassen. Um zu veranschaulichen, was dies bedeutet, zieht Senge den Vergleich mit einem Hologramm heran: ein dreidimensionales Bild, das von interagierenden Lichtquellen erzeugt wird. Egal, wie oft Sie solch ein Hologramm teilen, die jeweiligen Teile zeigen jeweils das vollständige Bild. Jeder Einzelne ist anders, zugleich aber trägt jeder eine individuelle Version der größeren Vision in sich. „Wenn immer mehr Menschen eine gemeinsame Vision teilen, wird sich die Vision nicht grundlegend ändern. Aber sie wird lebendiger, realer im Sinn einer inneren Realität, von der die Menschen fest überzeugt sind. Man hat jetzt Partner.“

Wer also eine gemeinsame Vision entwickeln möchte, sollte sich von der traditionellen Vorstellung verabschieden, dass sie immer „von oben" vorgegeben werden muss. Es macht eben einen Unterschied, ob man etwas mitentwickelt oder nur mitträgt. Stark – das heißt: wirksam – wird eine Vision nur, wenn sie auf den persönlichen Visionen der Mitarbeiter aufbaut. Nur dann kann sie auf Resonanz treffen und inspirieren. Entsprechend wichtig ist nicht nur das Ergebnis, sondern auch der Prozess, wie solch eine Vision zustande kommt.

Über eine Vision können sich Mitarbeiter als Teil eines gemeinsamen Projekts verstehen. „Nur wenige Kräfte im menschlichen Dasein sind so machtvoll wie eine gemeinsame Vision", schreibt Senge. Dies könne dazu beitragen, ein Gefühl von Gemeinschaft zu stiften, es verändere die Beziehung der Menschen zum Unternehmen: „Es ist nicht länger ‚deren Unternehmen', sondern ‚unser Unternehmen'". Senge weist darauf hin, dass sich das englische Wort „company" vom französischen „compagnie" ableitet, das „Teilen des Brotes" bedeutet und dieselben Wurzeln wie „Kompagnon" hat. Auch in anderen Sprachen gibt es Wurzeln, die in diese Richtung weisen: Die älteste schwedische Bezeichnung für Wirtschaft, „narings liv", bedeute „Lebensmittel". „Wenn wir Organisationen wieder als lebende Systeme zu begreifen lernen", schreibt Senge, „werden wir vielleicht auch wieder entdecken, was es für uns als menschliche Wesen bedeutet, zusammen mit anderen an einer Aufgabe zu arbeiten, die wirklich von Bedeutung ist – für uns und für die anderen."

Eine Vision fördert ein langfristiges Denken. Gerade Unternehmer sollten nicht unterschätzen, was es bedeutet, langfristige Ziele im Blick zu haben und auch das Team für diese Perspektive zu gewinnen. Dazu gibt es eine berühmte Anekdote, die in vielen unterschiedlichen Versionen erzählt wird. Hier ist eine Fassung:

LANGFRISTIGES DENKEN: DIE KATHEDRALE VON MAILAND

Eine Szene im mittelalterlichen Mailand: Unzählige Maurer sind auf einer großen Baustelle beschäftigt. Da kommt ein Passant

„Erfolg bedeutet, immer wieder zu scheitern, ohne dabei den Enthusiasmus zu verlieren“

ANONYM

vorbei und fragt, was sie da tun. Der erste Maurer schaut kurz auf und sagt: „Ich lege Stein auf Stein.“ Dann antwortet der zweite Maurer. Er sagt: „Ich baue mit an der Kathedrale von Mailand!“

Vielen Menschen, die im Mittelalter eine Kathedrale bauten, war klar, dass sie die Fertigstellung selbst nicht mehr erleben würden – aber sie wussten, wofür sie es taten, und waren stolz, einen Beitrag dazu leisten zu können. Oft arbeiteten mehrere Generationen nacheinander an solch aufwendigen Bauten. Das Bild der Kathedrale zeigt: Es geht um inspirierende Ziele.

Was eine „lernende Organisation“ braucht

Flachere Hierarchien und eine gemeinsame Vision, die von allen mitgetragen wird – beides prägt die Firmenkultur positiv; beides leistet einen wichtigen Beitrag dazu, ein Unternehmen in eine „lernende Organisation“ zu verwandeln und auf diese Weise wettbewerbsfähig zu bleiben. Während die gemeinsame Unternehmensvision ein möglichst inspirierendes Erfolgsbild in der Zukunft beschreibt, ist damit noch nicht die Frage beantwortet, welche Schritte dazu notwendig sind. Auf dem Weg zum Ziel müssen unzählige Entscheidungen getroffen werden. Es gibt nicht *einen einzigen* feststehenden Weg, sondern eine ganze Reihe an Möglichkeiten, von denen man nicht immer weiß, welche am vielversprechendsten ist. So groß die Euphorie auch sein mag, mit der man sich auf einen Weg begibt – es gibt keine Zwangsläufigkeit der Geschehnisse. „Wer A sagt, der muss nicht B sagen.“ So kann es durchaus sinnvoll sein, Umwege zu machen oder ganz umzukehren und einen anderen Weg zu suchen, der zum Ziel führt. Sicherheit gibt es nicht. Fehler passieren. Ohne ein Klima des Vertrauens – davon handelt das letzte Kapitel – wird es allerdings schwierig, solch einen Weg zu meistern. Nur so bleiben Risikobereitschaft und Experimentierfreude lebendig.

KAPITEL 5 – VERTRAUEN

Wie Sie Fehler in Chancen verwandeln

Sich zu wandeln und Neues zu entdecken ist überlebenswichtig angesichts von Märkten, die sich radikal verändern. Deshalb sind Fehler so wertvoll: Sie zeigen uns, wo wir ansetzen können. Spürbar weiterentwickeln werden wir uns aber nur, wenn wir offen mit Fehlern umgehen und aus ihnen lernen. Dazu bedarf es einer Firmenkultur, die von Vertrauen geprägt ist. Worauf es bei einem guten Fehlermanagement ankommt, zeigen 15 Praxistipps. Und ein Fragebogen.

„Erfahrung nennt jeder seine Fehler“

OSCAR WILDE

KAPITEL 5 – VERTRAUEN

Wie Sie Fehler in Chancen verwandeln

Nach einer Studie der Yale School of Management wurden die größten amerikanischen Firmen vor 100 Jahren im Schnitt 67 Jahre alt, heute ist die Lebensdauer auf 15 Jahre abgestürzt. Das Santa Fe Institute in New Mexico errechnete noch geringere Zahlen. Die Forscher analysierten 25 000 börsennotierte US-Firmen im Zeitraum von 1950 bis 2009. Ihr Ergebnis: Nur noch zehn Jahre gelingt es den Unternehmen im Durchschnitt, sich am Markt zu halten.

Die Versuchung ist groß, solche Zahlen abzutun – nach dem Motto: Die USA sind weit weg, und was haben wir, bitte schön, mit US-angelsächsischem Kapitalismus zu tun? So einfach ist es aber nicht. 2016 kamen Rostocker Statistiker für Deutschland zu ähnlich niedrigen Zahlen: Bis ein Unternehmen hierzulande in die Insolvenz rutsche, vergehen im Schnitt nur acht bis zehn Jahre, rechneten die Forscher vor. Neben einer schlechten Wirtschaftslage treibe vor allem Missmanagement die Firmen ins Aus.

Wenn Sie den Gedanken in diesem Buch bis hierhin gefolgt sind, werden Sie vielleicht beim Begriff „Missmanagement" hellhörig. Zu verführerisch ist es, Entwicklungen auf eine Person zuzuspitzen, als sei sie allein dafür verantwortlich, dass sich eine Firma prächtig entwickelt oder ihr Weg schnurstracks in die Insolvenz führt. Die Realität ist komplexer: So sehr wir uns manchmal einfache Ursache-Wirkungs-Ketten wünschen – es gibt sie nicht. Gelingt es einem Unternehmer tatsächlich, seine Firma quasi im Alleingang zugrunde zu richten, so ist auch dies nur möglich, wenn sich das Team passiv verhält, es also zuschaut und nicht eingreift – wie in den kritischen Cockpit-Situationen, die in Katastrophen endeten.

Fatale Fehler
Die Schilderung der Flugzeugabstürze, bei denen das Hierarchiegefälle in der Crew eine Rolle spielte, finden Sie im vierten Kapitel – auf den Seiten 142–149.

Wer also mit seiner Firma länger als „acht bis zehn Jahre“ überleben möchte, sollte nicht nur auf die eigenen Stärken schauen und die Hoffnung hegen, stets kluge Entscheidungen zu treffen, sondern mit aller Kraft dazu beitragen, die Widerstandsfähigkeit zu erhöhen. Dies geht nur, wenn sich ein Unternehmen als „lernende Organisation“ begreift und sich kontinuierlich weiterentwickelt: Statt einem Status quo hinterherzutrauern und nach Sündenböcken zu suchen, sollte man Fehler als Chance begreifen, etwas positiv zu verändern.

Nur so kann es gelingen, sich auf veränderte Märkte einzustellen, interne und externe Warnsignale ernst zu nehmen und mit Experimenten herauszufinden, was der erfolgversprechendste Weg ist. „Wir glauben, dass das wirklich anpassungsfähige Unternehmen sich nach Darwin'schen Prinzipien entwickelt“, hat der amerikanische Management-Autor Tom Peters einmal die Gnadenlosigkeit beschrieben, mit der die meisten Unternehmen vom Markt verschwinden. „Es probiert vieles aus, experimentiert und macht die richtigen Fehler; es fördert also seine eigenen Mutationen. Das anpassungsfähige Unternehmen lernt schnell, die nachteiligen Mutationen auszumerzen und in die aussichtsreichen zu investieren.“

Überleben werden Unternehmen also nur, wenn sie sich ständig verändern und offen für neue Entwicklungen sind. Die meisten Familienunternehmen, die viele Generationen, zum Teil Jahrhunderte überlebt haben, mussten sich in der Regel mehrfach völlig neu erfinden. Das Familienunternehmen Julius Cronenberg Sophienhammer aus dem sauerländischen Arnsberg-Müschede beispielsweise startete vor über 300 Jahren mit der Herstellung von Sensen und Sicheln, begann im 19. Jahrhundert auch sogenannte Milchseparatoren zu fertigen, brachte kurzfristig einmal Rasenmäher auf den Markt, entwickelte nach dem Zweiten Weltkrieg automatische Türdichtungen und erschloss sich dann immer neue Geschäftsfelder: Wegesperren und Fahnenmasten, Gitter und Geländer, Parkplatz-Sperrbügel, Lichtmasten und Sperrpfosten. Die Märkte veränderten sich – und mit ihnen die JCS-Gruppe, die inzwischen in zehnter Generation von Wilm-Hendric und Carl-Julius Cronenberg geführt wird. Es gelang der Familie und den Mitarbeitern, sich immer wieder neu zu erfinden – eine „lernende Organisation“ par excellence seit über 300 Jahren.

Um nicht unter die Räder zu kommen, müssen Unternehmer ständig auf der Hut sein. Einfach ist dies nicht, wie die Sterblichkeitsdaten von Unternehmen zeigen. Gerade wenn Märkte in Bewegung geraten, sind Teams gefordert, die sich weiterentwickeln, um nicht dem „ewigen Sturm der schöpferischen Zerstörung“ zum Opfer zu fallen, den einst Joseph Schumpeter (1883–1950) beschrieben hatte. Märkte, so die Analyse des einflussreichen Ökonomen, entwickeln sich weiter, indem Etabliertes verdrängt wird: „Die Unternehmer“, schrieb Schumpeter 1911 in seiner „Theorie der wirtschaftlichen Entwicklung“, „werden Neues schaffen und Altes zerstören, kühne Pläne irgendwelcher Art konzipieren und durchführen.“

Sich ewig verbessern – der Kaizen-Gedanke

Lange galt hierzulande die Devise, Fehler nur ja zu verhindern. Inspiriert vom japanischen Kaizen-Gedanken der „ewigen Veränderung“, der nach dem Zweiten Weltkrieg in die Industrie Einzug hielt, adaptierte der Westen seit den 1980er-Jahren unter anderem vom japanischen Automobilkonzern Toyota Konzepte, wie sich die Produktionsprozesse Schritt für Schritt optimieren lassen. Unter dem Begriff des „Kontinuierlichen Verbesserungsprozesses“ wurden Systeme zum Qualitätsmanagement eingeführt. Das Ziel: Produkte, Prozesse und Servicequalität kontinuierlich zu verbessern, um sich im Wettbewerb zu behaupten.

Solche Systeme der Fehlervermeidung und ständigen Verbesserung sind nach wie vor wichtig, nicht nur für produzierende Betriebe. Natürlich ist es sinnvoll, bewährte Abläufe einzuhalten, um die Qualität zu sichern. In solchen Fällen ist ein Abweichen von exzellenten Praktiken kein Zeichen von Kreativität, sondern von schlechter Ausbildung, Nachlässigkeit – oder Unfähigkeit. Niemand kann sich gravierende Fehler mit unnötigen, teuren oder irreversiblen Folgen leisten. Wer nicht möglichst effizient arbeitet – dazu gehören auch bewährte Prozesse und gutes Qualitätsmanagement –, wird es schwer haben.

Qualitätsmanagement
Beim Umgang mit Fehlern gibt es traditionell drei Ansätze, die aufeinander aufbauen: kurzfristig geht es um Qualitätskontrolle („Die Dinge richtig machen!“), mittelfristig um Qualitätssicherung („Die richtigen Dinge machen!“) und langfristig um Qualitätsmanagement („Den richtigen Rahmen geben!“).

Eine geringe Fehleranfälligkeit allein reicht aber nicht aus, um in dynamischen Märkten zu bestehen. Zu groß und zu schnell sind die Veränderungen; nicht zuletzt aufgrund der Auswirkungen der Digitalisierung sind die Markteintrittsbarrieren so stark gesunken, dass Newcomer mit wenig Kapital, aber großem Ideenreichtum etablierte Unternehmen angreifen können.

Ein zu starker Drang, unter allen Umständen jeden einzelnen Fehler zu verhindern, kann da fatal sein. Das größte Risiko, so meine Überzeugung, besteht heute nicht darin, massive Fehler zu machen, sondern *kein* Risiko einzugehen und sich von der Angst treiben zu lassen, nur ja nichts falsch zu machen.

Der tägliche Umgang mit dem Ungewissen

Vorteile haben diejenigen, die Lust auf Neues haben und Kreativität fördern: Firmen, die sich schnell anpassen, experimentieren und aus Fehlern lernen. Nur wer innovativ bleibt, überlebt. Eigentlich ist dies für Unternehmer ein bekanntes Terrain: Die wenigsten agieren innerhalb fester Rahmenbedingungen. Die meisten sind es gewohnt, sich immer wieder neu auf Veränderungen einzustellen. Niemand weiß im Vorhinein, welche Konsequenzen Entscheidungen haben werden. Eine Beschäftigung mit der Dynamik von Systemen (wie in Kapital 3 beschrieben) hilft dabei, mögliche Wechselwirkungen zu erkennen.

Fehler können sehr wertvoll sein: Sie helfen, unerkannte, ignorierte oder gar vertuschte Schwächen der eigenen Strategie und Umsetzung zu erkennen. Sie können den Anstoß dazu geben, nach den tieferen Ursachen zu fahnden und sich selbst, die Strukturen und Prozesse in der Firma, seine Dienstleistungen und Produkte immer wieder in Frage zu stellen. Aus Fehlern zu lernen wird damit zu einer Überlebensstrategie – und zu einem wichtigen Bestandteil der Firmenkultur.

Wer aus Fehlern lernt, gehört allerdings zu einer kleinen Minderheit, wie die Wissenschaftler Marc D. Cannon von der Vanderbilt University und Amy C. Edmondson von der Harvard Business School in einer Studie zeigen konnten: Die wenigsten Unternehmen begreifen demnach Fehler und Scheitern wirklich als Chance zum Lernen, selbst wenn sie dies behaupten. Die Anzahl der Firmen, die bewusst Experimente fördern und – begrenztes – Scheitern in Kauf nehmen, um den Prozess des Lernens zu beschleunigen, ist noch sehr viel geringer. Entmutigen sollte Sie dies nicht. Im Gegenteil. Vielleicht ist das ja gerade Ihre Chance.

Spektakuläre Erfindungen durch Fehler

Manchmal hilft ja schon der Zufall weiter – oder eine glückliche Konstellation, sodass sich Fehler in Erfolge verwandeln. Die Liste an Erfindungen, die durch Missgeschicke oder glückliche Fügungen entstanden, ist zumindest lang: So wie Christoph Kolumbus 1492 aus Versehen von der Route abkam und (für ihn) Neues entdeckte, geschahen auch in den Jahrhunderten danach wundersame Fehler:

→ Der **Herzschrittmacher** entstand aus einer Panne, weil bei einem Versuchsaufbau zur Aufzeichnung von Herztönen ein falscher elektrischer Widerstand eingebaut wurde und man plötzlich beobachten konnte, wie es zu pulsieren begann.

→ Ein Mitarbeiter des US-Konzerns 3M wurde berühmt, weil er sich beim umständlichen Umblättern von Kirchenchornoten an das jämmerlich gescheiterte Superklebstoff-Experiment eines Kollegen erinnerte und er eine Anwendung für den gut haftenden Stoff sah. Daraus entstanden die **Post-its.**

→ Das Medikament Sildenafil sollte die Herzgefäße entspannen und Angina-Pectoris-Beschwerden lindern, was aber nicht gelang. Die Nebenwirkung – Erektionen bei entzückten Probanden, die den Wirkstoff gar nicht mehr hergeben wollten – brachte den Pharma-Konzern Pfizer auf eine andere Spur: Heute werden mit dem Potenzmittel **Viagra** Milliarden umgesetzt.

Es gibt unzählige solcher unglücklich-glücklicher Konstellationen. Wie es genau zu diesen Erfindungen gekommen ist, lässt sich im Nachhinein oft kaum mehr rekonstruieren. Es gibt aber einen Fall, der deshalb interessant ist, weil er darauf hinweist, dass eine glückliche Konstellation allein nicht ausreicht. Es bedarf auch einer Offenheit: Nur wer Augen hat zu sehen, sieht auch etwas.

Der Ökonom und Management-Autor Peter Drucker (1909–2005) schilderte 1985 in seinem Werk „Innovation and Entrepreneurship“ den Fall eines deutschen Polymer-Laboratoriums: Einige

Forscher hatten vergessen, den Bunsen-Brenner zu löschen, der daraufhin das ganze Wochenende über brannte und das Experiment, an dem sie gearbeitet hatten, zunichtemachte. Das Material war zu lange der Hitze ausgesetzt worden, sie schmissen es weg. Der gleiche Fehler passierte einige Jahre später Wallace Carothers vom Konzern DuPont, nur reagierte der Chemiker anders: Statt das Material wegzuschmeißen, analysierte er es und entdeckte so, wie man einen neuen Stoff herstellen konnte: Das war im Jahr 1935. Zwei Jahre später wurde Nylon patentiert.

Solche Fälle, die oftmals verklärt werden, geben gute Geschichten ab – samt erhebender Moral: Bitte Augen aufhalten! Mit dem unternehmerischen Alltag haben sie allerdings wenig zu tun. Das eigentliche Potenzial liegt gerade nicht in der (vergeblichen) Suche nach solchen spektakulären Jahrhundert-Erfindungen, sondern im alltäglichen Klein-Klein: Dort – in den Köpfen Ihres Teams – verbergen sich wertvolle Ideen, Ansätze für neue Produkte oder innovative Geschäftsmodelle.

Experimentierfreude: Von Kindern lernen, wie man lernt

Wie schafft man ein Umfeld für eine positive Fehlerkultur? Wir müssen uns nur an unsere eigene Kindheit erinnern: Kinder lernen mit einer unglaublichen Geschwindigkeit. Sie wollen alles wissen, alles ausprobieren, alles erleben. Davon lassen sie sich nicht abbringen, egal, wie oft sie – beim Laufenlernen – hinfallen, egal, wie oft sie sich – beim Radfahrenlernen – die Knie aufschürfen. Ihre Wissbegier ist groß, ebenso ihre Bereitschaft, immer wieder neu anzufangen, egal, wie oft sie scheitern.

Diese Leichtigkeit des Lernens haben wir verloren – mit jedem Jahr, in dem wir älter wurden. So sehr wir uns auch anstrengen: Die Selbstverständlichkeit und Naivität, mit der wir einst die Welt eroberten, ist dahin. Wir haben am eigenen Leib erfahren, dass das Leben riskant ist. Wir haben erlebt, was es bedeutet, bloßgestellt und verletzt zu werden. Vielleicht sind wir schon einmal – beruflich oder privat – gescheitert. Auf jeden Fall haben wir eine Lektion gelernt, die wir nicht mehr vergessen: Vorsicht! Es kann wehtun.

Und so schaffen wir uns – aus Selbstschutz – eine Komfortzone und verteidigen sie mit allen Mitteln. Das kann uns teuer zu stehen kommen, da wir leichtfertig die Chance vergeben, Neues zu erfahren, uns auf Entdeckungen und Experimente einzulassen und uns bewusst verunsichern zu lassen. Denn: Lernen mit Erfolgsgarantie gibt es nicht. Wer weiterkommen will, muss auch bereit sein, Rückschläge einzustecken.

Der Abschied von der Leichtigkeit, die langsame Verwandlung, beginnt spätestens in der Schulzeit. Der Klassenraum ist keine Experimentierzone, sondern ein Raum, in dem „Lernstoff" vermittelt wird. Es geht nicht in erster Linie um Kreativität, um die Schaffung von etwas Neuem, sondern um die Abarbeitung eines bestimmten Pensums. Selbst didaktisch klug aufbereitete chemische und physikalische Experimente (bitte den Bunsen-Brenner auf jeden Fall vor dem Wochenende löschen!), sind nichts weiter als eine sinnlichere Methode, vorher festgelegte Inhalte zu vermitteln, sodass sie nicht sofort wieder vergessen werden. Es geht um die Aufnahme von Informationen: zuhören, nachdenken, aufpassen, Anweisungen befolgen, sich keine Unwissenheit anmerken lassen, möglichst keine Fehler machen – und am besten am Ende gute Noten einheimsen.

Im Unternehmertum dagegen gibt es, anders als im Mathematikunterricht, keine „richtige" Lösung, sondern immer nur Entscheidungen, von denen man erst später weiß, ob sie in die richtige Richtung gingen oder einen an den Rand des Ruins gebracht haben. Erfolg hat nur, wer etwas wagt. Und das steht in keinem Lehrplan.

Es lohnt sich, uns diese Erfahrungen aus unserer Vergangenheit kurz ins Gedächtnis zu rufen: den Verlust an Leichtigkeit und Kreativität. Vor diesem Hintergrund lässt sich besser verstehen, warum es so schwierig ist, ein Unternehmen in eine „lernende Organisation" zu verwandeln. Es widerspricht den Erfahrungen, die uns lange geprägt haben. Positiv gewendet ist es eine Rückkehr zu dem, was wir einmal selbst erlebt haben. Das ist die gute Nachricht: Wir *können* lernen und neugierig sein. Wir *können* kreativ sein. Wir sind so groß geworden. Und vielleicht haben wir es ja gar nicht verlernt.

Der Anthropologe Edward T. Hall (1914–2009) hat einmal bemerkt, der Mensch sei „der lernende Organismus par excellence". Der Drang zu lernen sei der „grundlegende Trieb der menschlichen Spezies". Wir möchten uns weiterentwickeln und mit anderen in Beziehung treten. Peter Senge ist davon überzeugt, dass wir „alle tief

„Ich bin nicht gescheitert, ich habe nur 10 000 Wege entdeckt, die nicht funktionieren“

THOMAS EDISON

in unserem Inneren ein intuitives Lernbedürfnis haben". So wie Kinder von sich aus „wissbegierige Entdecker" seien, sei es auch für Erwachsene eine „einzigartige Erfahrung", Teil einer lernenden Organisation zu sein: Entscheidend sei nicht in erster Linie, Teil von etwas Erfolgreichem zu sein, sondern vielmehr zu *lernen,* außergewöhnliche Ergebnisse zu erzielen. Es geht um Weiterentwicklung. Lernen heiße, „dass wir neue Fähigkeiten erwerben, die uns vorher fremd waren. Lernen heißt, dass wir die Welt und unsere Beziehung zu ihr mit anderen Augen wahrnehmen. Lernen heißt, dass wir unsere kreative Kraft entfalten", schreibt Senge.

In seiner Arbeit mit vielen Teams hat er solche Momente geglückter Zusammenarbeit in der Wahrnehmung der Mitarbeiter als „herausragende und besonders intensive Lebenserfahrung" beschrieben: „Wenn man Menschen fragt, wie sie es empfunden haben, als Teil eines großartigen Teams zu agieren, dann fällt als Erstes auf, dass von Sinnstiftung gesprochen wird. Teilnehmer berichten von herausragender Teamarbeit, dass sie das Gefühl hatten, an etwas mitzuwirken, das größer war als sie selbst; sie hatten das Gefühl von Verbundenheit, von Kreativität." Die Grundbedeutung einer lernenden Organisation beschreibt Senge als „eine Organisation, die kontinuierlich die Fähigkeit ausweitet, ihre eigene Zukunft schöpferisch zu gestalten. Eine solche Organisation gibt sich nicht damit zufrieden, einfach zu überleben".

Lernen ist anstrengend: Dauernd will jemand korrigieren

So positiv solche Erfahrungen auch sein mögen – viele Teams sind weit davon entfernt, so zusammenzuarbeiten und ihr Unternehmen auf diese Weise weiterzuentwickeln. Lernen bedeutet auch Veränderung. Und die kann bekanntlich anstrengend, schwierig und unangenehm sein. Der Organisationspsychologe Edgar Schein hat dazu einmal gesagt, es werde nur dann gelernt, wenn die „Überlebensangst" größer sei als die „Lernangst".

Erschwerend kommt in Unternehmen dazu, dass sich tatsächliche Veränderungen oft erst nach einer Zeit beobachten lassen. Es lässt sich nicht immer direkt ablesen, ob Entscheidungen richtig waren. Wenn Sie beispielsweise in junge Nachwuchskräfte investieren, kann es Jahre dauern, bis erste Erfolge sichtbar werden.

Es gibt eine weitere Falle, in die viele Unternehmer tappen. Sie schlüpfen in die wenig förderliche Rolle eines Lehrers, der seinen Schülern zeigt, wo es langgeht: So wie ein Pädagoge das Ziel hat, die Lerninhalte des Curriculums bestmöglich zu vermitteln, so hat auch ein Unternehmer großes Interesse daran, auf Fehler hinzuweisen – um eine Wiederholung zu vermeiden. Damit geben beide in der Praxis leider häufig eine unglückliche Figur ab, da sie einen Beitrag dazu leisten, dass nicht produktiv gelernt wird.

Sinnvolle Fehler
Der Pädagoge Fritz Oser unterscheidet zwischen „sinnvollem und unsinnigem Fehlermachen": „Das sinnvolle Fehlermachen besteht darin, dass am Schluss ein sicheres Beherrschen eines Ablaufs, einer Tätigkeit vorliegt, ohne dass Fehler dies gefährden, und dass das Wissen über gut und falsch gut verankert ist." Ein Fehler sei sinnvoll, wenn er zum Lernen beitrage, und unsinnig, wenn er ohne neue Erkenntnis wiederholt werde.

Die Schweizer Psychologen Fritz Oser und Maria Spychiger begründen dies mit der sogenannten „Korrektursucht": Gibt ein Schüler eine falsche Antwort, so nimmt der Lehrer umgehend andere Schüler dran, bis das Richtige gesagt wird. Der Klasse wird auf diese Weise zwar die richtige Lösung präsentiert, sie lernen aber nichts dazu, weil die Fehlerursachen nicht thematisiert werden. Und die Schüler, die etwas Falsches gesagt haben, stehen beschämt da – keine gute Voraussetzung für ein produktives Lernen.

Übertragen auf Firmen haben auch Unternehmer oder Führungskräfte den Drang, beim Auftreten eines Fehlers sofort zu reagieren – mit der Gefahr, dass keine Zeit bleibt, die tieferen Ursachen zu analysieren und zu überlegen, wie solche Fehler künftig vermieden werden können. Entsprechend hoch ist die Wahrscheinlichkeit, dass sich diese Fehler wiederholen werden. Und derjenige, der in diesem Moment in den Fokus gerät, steht blamiert da wie ein Schüler vor versammelter Mannschaft, unabhängig davon, ob er die Einschätzung seines Vorgesetzten teilt oder nicht.

Es ist eine typische (in Kapital 2 beschriebene) Sündenbock-Situation: Indem ein „Schuldiger" benannt wird, soll der Eindruck entstehen, die Situation sei geklärt, was in der Regel nicht der Fall ist. Schaden angerichtet wird aber auf jeden Fall: In einer Situation, in der man Angst haben muss, selbst einmal an den Pranger gestellt zu werden, wird niemand gern offen über Fehler reden. Nur wenn Vertrauen herrscht, ein „sicherer Raum" geschaffen wird, kann eine positive Fehlerkultur entstehen.

Die Leitfrage sollte in solchen Situationen deshalb immer lauten: „Wie kann ich dafür sorgen, dass sich dieser Fehler nicht wiederholt?" Oder auch: „Bin ich mir sicher, dass sich dieser Fehler nicht wiederholt?" Wenn die Antwort mit „Nein" ausfällt, schließen sich die nächsten Fragen an: „Warum nicht?“ „Woran liegt es?“ Und: „Wo müssten wir ansetzen?“

15 Schritte zu einem guten Fehlermanagement

Warum ist es so schwierig, tatsächlich aus Fehlern zu lernen – und nicht nur zu behaupten, wir würden genau das tun? Weil uns Fehler auf allen Ebenen herausfordern:

- → Wir kämpfen gegen Denkfehler, die uns unterlaufen. Unser „altes Gehirn“ will uns immer wieder überlisten. (Kapitel 1)
- → Wir müssen dem Reflex widerstehen, andere zu beschuldigen, um uns selbst zu schützen. Unsere Gefühle kommen uns ständig in die Quere. (Kapitel 2)
- → Wir lieben es, unserer Intuition zu folgen – auch wenn sie uns beim Umgang mit komplexen Systemen regelmäßig in die Irre führt. (Kapitel 3)

Um dagegen anzukommen, brauchen wir nicht nur neue Einsichten. Sicherlich hilft es, auf die wichtigsten Denk- und Wahrnehmungsfehler gestoßen zu werden. Auch hilft ein Grundwissen über systemische Zusammenhänge, um Situationen und Entwicklungen besser einschätzen zu können. Aber das reicht nicht.

Eine wirkliche Veränderung wird es nur geben, wenn Sie diese Einsichten mit konkreten Verhaltensweisen verknüpfen. Theorie allein verpufft. Deshalb hier zum Schluss einige Tipps aus der Praxis, wie Sie eine positive Fehlerkultur aufbauen können: eine Anleitung zu einem besseren Fehlermanagement in 15 Schritten.

Schritt 1: Machen Sie öffentlich klar, wie wertvoll Fehler sind!

Wer aus Fehlern lernen möchte, muss zunächst dafür sorgen, dass im Unternehmen möglichst offen über Fehler geredet wird – egal, ob es sich um technische Pannen oder Irrtümer handelt, um individuelle Fehlentscheidungen oder strukturelle Defizite. Wer über

Fehler spricht, statt sie totzuschweigen, verankert das Thema stärker im Bewusstsein. Selbstverständlich ist dies nicht. Sie müssen dafür werben, vor allem mit konkreten Handlungen („walk the talk“), aber auch mit Worten: Unterschätzen Sie nicht, was es bedeutet, wenn Sie vor versammelter Mannschaft darlegen, warum es so wichtig ist, künftig über Fehler zu reden. Vor allem die Unternehmensspitze und Führungskräfte sind gefordert, für ein produktives Fehlerverständnis zu werben – mit einer einfachen Botschaft: Jedem unterlaufen Fehler. Es geht nicht darum, *keine* Fehler zu machen – das kann keiner –, sondern möglichst *intelligent* mit ihnen umzugehen, also aus ihnen zu lernen, Missstände zu erkennen und etwas zu verändern. Das macht Fehler so wertvoll – als Chance, die jeden voranbringen kann. Eines der berühmtesten Beispiele für die Wertschätzung von Fehlern stammt von Thomas Watson jr., der in den 1960er-Jahren an der Spitze von IBM stand:

WERTSCHÄTZUNG VON FEHLERN: DAS BEISPIEL IBM

Nachdem ein Projekt in einem Desaster geendet hatte – mit einem Verlust von 10 Millionen Dollar –, bat Thomas Watson jr. den verantwortlichen Manager in sein Büro. „Wissen Sie, warum ich Sie hergebeten habe?“, fragte der IBM-Chef den Mitarbeiter, als er eintrat. Der war gewarnt. Er wusste, wie temperamentvoll Watson gelegentlich sein konnte, und so sagte er vorsorglich: „Ich vermute, dass Sie mich feuern werden.“ „Sie feuern?“, fragte Watson. „Ich habe doch gerade 10 Millionen Dollar in Ihre Weiterbildung gesteckt! Ich wollte nur sichergehen, dass Sie die richtigen Lehren daraus gezogen haben.“

Vermutlich werden Sie nicht solch eine Geschichte parat haben, die Ihr Team mit einem Schlag davon überzeugt, dass Sie es ernst meinen mit der neuen Fehlerkultur. Aber auch Sie können in Ihrem Alltag, bei kleinen Vorkommnissen, demonstrieren, wie wichtig es Ihnen ist, über Fehler ins Gespräch zu kommen. Seien Sie geduldig: Es wird eine Zeit brauchen, bis Kollegen Mut fassen und offen über Fehler reden.

Schritt 2: Gehen Sie selbst als Vorbild voran!

Da eine produktive Fehlerkultur keineswegs selbstverständlich ist, muss sie vorgelebt werden – auch und insbesondere vom Chef. Führungskräfte müssen Vorbild sein, nur dann hat eine gute Fehlerkultur eine Chance. Sonst bleibt es bei Appellen. Dies bedeutet, Kollegen bewusst Anerkennung zuteilwerden zu lassen und Fehler im Zweifelsfall auf die eigene Kappe zu nehmen. Seien Sie das Gegenteil von einem „Teflon-Chef", an dem alle Vorwürfe abprallen. Joe Cullmann, der jahrzehntelang den Tabakriesen Philipp Morris führte, sagte einmal, wenn etwas schieflaufe, müsse man „in den Spiegel schauen" und die Schuld auf sich nehmen. Laufe es dagegen gut, so solle man „aus dem Fenster hinausschauen" und die Anerkennung und die Früchte der Arbeit mit anderen teilen.

Einen Fehler einzugestehen und eine Entscheidung zurückzunehmen fällt vielen Chefs schwer. Es ist aber wichtig, zu seinen Misserfolgen und Schwächen zu stehen – so wie es beispielsweise Bernhard Sack vom Klevener Callcenter-Unternehmen Tel-inform tut. Der Juniorchef geht offensiv mit Fehlern um. Als die Gestaltung der neuen Homepage unter seiner Führung misslang, machte er keinen Hehl daraus. Viel zu lange habe er versucht, alle Dienstleistungen von einem Anbieter zu bekommen, obwohl sich abzeichnete, dass seine Firma mehrere Spezialisten braucht, erinnert er sich. „Wer offen über Fehler spricht, ist automatisch weniger angreifbar." Weise ihn ein Mitarbeiter auf einen Fauxpas hin, so bedanke er sich.

Kritisch mit sich ins Gericht zu gehen verändert die Dynamik und die Atmosphäre in Gesprächen. Wenn jemand ehrlich ist, werden Kollegen dies zu schätzen wissen – und ebenfalls eher bereit sein, sich zu öffnen.

Schritt 3: Schaffen Sie ein Klima der Sicherheit!

Machen Sie sich klar, dass Sie nicht von heute auf morgen alles verändern können. Es braucht Zeit, bis eine Atmosphäre entsteht, in der Kollegen das Risiko eingehen, eigene Fehler zu bekennen und sich mit anderen konstruktiv darüber auseinanderzusetzen. Mitarbeiter müssen sicher sein, dass ihnen keine Strafe droht, wenn sie Misserfolge zugeben. Sie brauchen ein Klima der psychologischen Sicherheit. Verzichten Sie auf Schuldzuweisungen, fallen Sie Kollegen nicht in den Rücken, und sorgen Sie dafür, dass auch andere dies nicht tun. Achten Sie darauf, dass wertschätzend miteinander umgegangen wird, und unterstützen Sie demonstrativ Kollegen, die bereit sind, offen zu reden. Rufen Sie sich ins Gedächtnis, dass es nicht darum geht, einen Sündenbock dingfest zu machen, sondern den tieferen Ursachen von Fehlern auf den Grund zu gehen.

Ein Klima der Sicherheit und gegenseitiges Vertrauen sind die Voraussetzung dafür, dass sich Kollegen wirklich öffnen. Je weniger hierarchisch kommuniziert wird, desto größer ist die Chance auf einen produktiven Austausch. Dies lässt sich inzwischen sogar empirisch belegen: Piloten, die partnerschaftlich miteinander umgehen, erzielten bei Vergleichsstudien sehr viel bessere Ergebnisse als traditionell sehr hierarchisch agierende OP-Teams im Krankenhaus, die ebenso wie Piloten ein hohes Risiko tragen. Innerhalb der Piloten schnitten diejenigen am besten ab, die mehr Zeit darauf verwendeten, über latente und manifeste Fehler zu diskutieren. Ein respektvoller Umgang miteinander und eine gute Zusammenarbeit zahlen sich anscheinend aus.

Schritt 4: Behalten Sie Ihre Emotionen im Griff!

Dass ein produktives Fehlerverständnis sinnvoll ist, dem wird kaum jemand widersprechen. Entscheidend ist, ob es gelingt, dies auch im Alltag zu leben. Dazu müssen Sie etwas tun, was nicht jedem leichtfällt: Emotionen unter Kontrolle halten. Gerade wenn Fehler passieren, kann dies schwierig sein. Unterschätzen Sie nicht die Gefühle, die dann bei Ihnen oder anderen hochkommen können: Angst, Scham oder Ärger.

Wichtig ist es, in solchen Situationen möglichst nüchtern, rational und analytisch zu reagieren. Dies verlangt Unternehmern und ihren Teams einiges ab: Selbst wenn Menschen darauf vertrauen, dass sie Fehler offen einräumen können, werden sie ihr tief sitzendes Misstrauen nie ganz ausschalten können. Zu oft haben wir in unserer Kindheit und der Schule erlebt, dass Fehler bestraft werden. Das prägt. Ein positiver Umgang mit Fehlern fordert uns auch auf, mit diesen Gefühlen klarzukommen. Nur so werden wir unsere Angst vor Fehlern – und unserer Bloßstellung – durch ein neues Selbstbewusstsein ersetzen können und Fehler wirklich als Chance begreifen.

Schritt 5: Schaffen Sie Gelegenheiten zum Austausch!

Überlegen Sie, in welchem Rahmen Sie sich regelmäßig über Fehler austauschen können, damit dies nicht in der täglichen Routine untergeht; das kann von Treffen kleiner Teams bis zu großen Versammlungen reichen – am besten mit einem festen Muster: Was ist gut gelaufen? Was schlecht? Gab es Fehler, Reklamationen oder Verzögerungen? Woraus kann man etwas lernen? Solche Treffen helfen dabei, feste Regeln, Standards und Verhaltensweisen zu etablieren. Machen Sie es zum Beispiel zur Regel, nach jedem Projekt einen Workshop anzusetzen, um über neue Erkenntnisse zu sprechen. Unabhängig von den Ergebnissen dieser Treffen wird allein schon die Tatsache, dass es solche festen Fehler-Termine gibt, eine wichtige Botschaft an das Team senden und damit die Sensibilität für das Thema weiter erhöhen. Ein Beispiel:

FEHLER-GESPRÄCHE: WERBEAGENTUR RABBIT E-MARKETING

Als Nikolaus von Graeve zum ersten Mal vom „Fehler Friday" hört, ist er begeistert. Freitags in der Firma über Fehler reden, das will er gleich einführen in seiner Frankfurter Werbeagentur. Er organisiert Termine, alle sind eingeladen, Chefs und Mitarbeiter. In kurzen Vorträgen kann jeder über seinen letzten Fehltritt berichten und was daraus zu lernen ist. Doch die Mitarbeiter kommen nicht. Noch eine Weile versucht er, für das Format zu werben und die Termine zu füllen. Irgendwann gibt er auf. Er muss anerkennen, dass niemand den Anfang machen wollte. „Es scheiterte am Gefühl, sich vor allen Kollegen nackig machen zu müssen", sagt er. Später gelingt es ihm doch noch, den Fehler Friday einzuführen – mit einem kleinen Trick: Statt über Missgeschicke bittet er darum, über „Learnings" zu sprechen, also Lernerfahrungen. Angelehnt an den Film „The Wolf of Wallstreet" mit Leonardo DiCaprio stehen die Treffen unter dem Titel „Wolves of Kaiserstreet" (der Firmensitz ist in der Frankfurter Kaiserstraße). Einmal im Monat treffen sich die Mitarbeiter zum „Meeting of the Wolves", drei Folien sollen sie vorbereiten und fünf Fragen beantworten. Und: Immer häufiger wird auch über Fehler berichtet. (impulse 09/2016)

„Scheitern ist die einzige Gelegenheit, intelligenter neu zu beginnen“

HENRY FORD

Schritt 6: Fördern Sie Feedback – von innen und außen!

Oft passieren Fehler, ohne dass Sie davon irgendetwas mitbekommen. Das kann auf Dauer gefährlich werden, wenn sich Entwicklungen anbahnen, die für Sie unsichtbar sind. Fördern Sie deshalb Feedback – intern und extern. Sowohl den Mitarbeitern als auch Kunden sollte es möglichst leicht gemacht werden, sich auch kritisch zu äußern. Dies ist wertvolles Feedback, das Ihnen dabei helfen kann, sich weiterzuentwickeln. Fordern Sie von Ihrem Team offenes Feedback ein, geben Sie selbst regelmäßig wertschätzendes Feedback. Und lernen Sie, diese gegenseitigen Rückmeldungen zu schätzen. Ermutigen Sie Mitarbeiter – und Kunden – dazu, auf Fehler hinzuweisen! Der US-Mischkonzern General Electric entschied sich früher als viele andere dafür, auf sämtliche Produkte eine kostenlose Service-Telefonnummer zu drucken, um Kunden dazu zu animieren, sich bei Beschwerden direkt zu melden – und reagieren zu können.

Schritt 7: Unterscheiden Sie zwischen Dialog und Diskussion!

Unterschätzen Sie nicht, wie wichtig die Qualität der Kommunikation ist, wenn Sie miteinander über Fehler und Veränderungen sprechen. Viel zu oft enden Gespräche in einem verkappten Schlagabtausch, es wird eine Menge Energie vergeudet, indem jeder für seine eigene Position kämpft. Mit fruchtbaren Dialogen hat dies nichts zu tun, neue Einsichten gewinnt man so nicht. Der Grund liegt darin, dass wir sehr schnell Abwehrhaltungen einnehmen, die es uns fast unmöglich machen, Neues voneinander zu erfahren und zu lernen. Gemeinsam zu reflektieren ist aber äußerst wichtig: Viele Köpfe mit unterschiedlicher Erfahrung wissen mehr als einer. Es hilft, klar zwischen Diskussionen und Dialogen zu unterscheiden.

→ Beim **Dialog** geht es nicht darum, den eigenen Standpunkt zu verteidigen, sondern tatsächlich ein Thema gemeinsam zu erkunden und so zu Einsichten zu kommen, die man allein kaum gewinnen könnte. Der IQ eines Teams kann sehr viel größer sein als der IQ der einzelnen Teammitglieder. Das setzt aber voraus, dass man einander wirklich zuhört, die eigenen Annahmen offenlegt und in Frage stellen lässt, jeden als gleichberechtigten Gesprächspartner betrachtet und sich nicht von vornherein auf eine Ansicht festlegt. Ein gelungener Dialog gleicht damit einem Forschungsvorhaben: Es werden komplexe Fragen erforscht, die nach einer Antwort verlangen, die aber keineswegs feststeht. Ziel ist ein bestmögliches Verständnis.

→ Bei der **Diskussion** dagegen werden unterschiedliche Meinungen präsentiert und verteidigt – mit dem Ziel, die besten Argumente herauszuarbeiten. Es gibt am Ende einen Gewinner, das überzeugendste Argument, um auf dieser Grundlage eine Entscheidung zu treffen.

Schritt 8: Belohnen Sie das Zugeben von Fehlern!

Fehler zuzugeben ist nicht leicht. Nicht jeder schafft es, diese Hürde zu überwinden. Umso wichtiger ist es als Zeichen für das Team, diejenigen zu belohnen, die Fehler von sich aus auf die eigene Kappe nehmen. Oft ist es nämlich nur möglich, die wahren Ursachen eines Fehlers zu erkennen, wenn die Beteiligten mitspielen, nichts vertuschen, sondern im Gegenteil daran mitarbeiten, Fehler wirksam zu beheben. Gerade solche Informationen, die sonst wahrscheinlich verborgen blieben, sind entscheidend: Sie können dabei helfen, Probleme sehr viel besser in den Griff zu bekommen.

Schritt 9: Feiern Sie Fehler!

Es gibt zwar viele Unternehmen, die davon reden, dass Fehler Chancen seien. Die wenigsten aber spiegeln dies in ihrem unternehmerischen Alltag – erst recht nicht in Anreizen. Meist werden Mitarbeiter dafür belohnt, dass sie Fehler *vermeiden*. Dies trägt nicht dazu bei, Menschen zu animieren, entstandene Fehler zu thematisieren, daraus zu lernen und ihre Wiederholung zu verhindern. Überlegen Sie, wie Sie andere Anreize setzen können! Im Schindlerhof beispielsweise, einem preisgekrönten Tagungshotel nahe Nürnberg, wird regelmäßig ein „Fehler des Monats“ gekürt. Da haben diejenigen die besten Chancen, die – ohne Erfolg – etwas Neues ausprobiert haben. Sie sind zwar mit ihrer Idee gescheitert, haben aber daraus einiges gelernt. Und davon können alle profitieren.

Schritt 10: Sanktionieren Sie das Verschweigen von Fehlern!

Wer fürchtet, etwas falsch zu machen und dadurch Nachteile zu erleiden, sichert sich lieber dreifach ab. Für jede Nebensächlichkeit wird dann ein Treffen mit viel zu vielen Teilnehmern anberaumt, jede E-Mail geht an eine lange Adressatenliste in cc. Ein Zeichen für eine gute Firmenkultur ist dies nicht. Sie lebt davon, dass möglichst viele bereit sind, Verantwortung zu übernehmen – und für das, was sie tun, geradezustehen. Dies bedeutet auch, offen mit Fehlern umzugehen. Entsprechend wichtig ist es, nicht Fehler an sich, sondern ihr Vertuschen oder Verschweigen zu sanktionieren.

Beim japanischen Autobauer Toyota, lange Zeit Vorreiter in Sachen Fehlermanagement, wurde schon vor etlichen Jahren darauf geachtet, dass Führungskräfte nicht fragen, „Wie konnte das passieren?“, sondern „Seit wann weißt du von dem Fehler?“. Schlechte Nachrichten sollten möglichst schnell an der richtigen Stelle ankommen, um weitere Schäden zu verhindern.

Dies gilt genauso für kleinere Firmen. Problematisch ist nicht, wenn ein Fehler auftritt, sondern wenn die Chance verpasst wird, daraus zu lernen. Es hilft auch nicht, wenn im kleinen Kreis über Fehler getuschelt wird, statt im gesamten Team darüber zu reden, sodass daraus gelernt werden kann. Wer auf einen Fehler hinweist oder einen eigenen einräumt, darf keinen Nachteil erleiden, sondern muss geschützt werden. Die Kommunikation ist auch hier entscheidend: Nur wenn es die Gewissheit gibt, dass niemand an den Pranger gestellt wird, werden Mitarbeiter das Risiko eingehen, offen zu reden. Honorieren Sie, wenn jemand auf Fehler hinweist.

Schritt 11: Achten Sie vor allem auf kleine Fehler!

Die Aufmerksamkeit richtet sich häufig auf große Fehler mit massiven Auswirkungen. Daneben gibt es aber unzählige kleinere Fehler, die im Alltag oft kaum wahrgenommen werden, um die kaum jemand großes Aufheben macht. Dies ist eine vertane Chance: Jeder dieser kleineren Fehler mag für sich nicht gravierend sein, in der Summe aber sehr wohl. Gerade in einer Verkettung können auch kleinere Fehler große Auswirkungen haben. In dem Maße, in dem Mitarbeiter die Augen vor solchen Fehlern verschließen, schleift sich ein Verhalten ein, das dem Unternehmen schadet: Abläufe geraten ins Stocken, Ressourcen werden verschwendet, und die Motivation der Mitarbeiter lässt nach. So sehr Erfolg motiviert, so sehr lähmt das Gefühl, immer wieder den gleichen Fehlern zu begegnen, ohne dass sich etwas verbessert. Deshalb: Achten Sie besonders auf kleine Fehler!

Schritt 12: Dokumentieren Sie Fehler!

Fehler passieren, werden vielleicht kurz besprochen und dann wieder vergessen. So riskiert man, dass sich Fehler wiederholen. Aus diesem Grund ist es wichtig, Fehler zu dokumentieren, damit das gesamte Team aus Vorkommnissen lernen kann und die Wahrnehmung für Fehler geschärft wird. Solch eine Dokumentation hat allerdings auch ihre Tücken, da die Gefahr besteht, Mitarbeiter an den Pranger zu stellen. Es ist deshalb empfehlenswert, Fehler anonymisiert aufzuschreiben, zumal es ja in der Regel nicht „einen Schuldigen" gibt, sondern ein komplexes Zusammenspiel verschiedener Aspekte. Eine anonymisierte Dokumentation trägt dazu bei, den Fokus auf das gesamte System zu richten. So lassen sich Fehlerketten eher erkennen – und für die Zukunft vermeiden.

Eine lange Tradition haben solche Systeme in der Luftfahrt und Medizin. Dort gibt es seit vielen Jahrzehnten systematische, anonymisierte Fehlerwarnsysteme, sogenannte „Critical Incident Reporting Systems". Damit wird die Hoffnung verbunden, nicht nur auf gravierende Fehler zu stoßen, die ohnehin auffallen, sondern auch diejenigen (Beinahe-)Fehler zu analysieren, über die sonst nicht gesprochen würde. Gerade solche „latenten" Fehler sind wichtig, da sie – in einer unglücklichen Konstellation – zu größeren Fehlern beitragen können. Dass Fehler anonym gemeldet werden können, senkt die Hemmschwelle und erhöht die Anzahl an Fehlern, die bekannt werden. Die Anonymisierung signalisiert, dass es um das gesamte System, nicht um einzelne „Schuldige" geht.

Fehler 13: Analysieren Sie Fehlerursachen!

Fehler präzise zu analysieren ist äußerst wichtig. Oft sehen wir ein Problem, begreifen aber erst bei der näheren Beschäftigung damit, dass es sich nur um ein Symptom handelt. Das Problem liegt sehr viel tiefer. Entsprechend wichtig ist es, sich bei der Analyse ein möglichst realistisches Bild zu machen. Dabei hilft der Blick von Kollegen – manchmal auch von Außenstehenden, etwa Geschäftspartnern oder Kunden –, um zu sachlichen Einschätzungen zu kommen und einseitige Argumentationsmuster zu erkennen. Das Schlimmste, was einem Unternehmer in solch einer Analyse passieren kann, ist es, nur von Ja-Sagern umgeben zu sein – keine gute Voraussetzung, um die Wurzeln von Problemen zu erkennen, zumal Unternehmer ja in der Regel eine Mitverantwortung tragen. Schließlich sind sie für die Rahmenbedingungen verantwortlich.

Bei der Fehleranalyse sind vor allem drei Fragen maßgeblich: „Wie kam es zu dem Fehler?" „Was können wir dafür tun, dass sich solch ein Fehler nicht wiederholt?" Und: „Wie können wir uns (angesichts dessen, was der Fehler offenbart hat) weiterentwickeln?"

Es geht darum, Systemfehlern auf den Grund zu gehen, statt Schuldige zu suchen. Dies würde der Komplexität von Fehlern nicht gerecht und zudem ein Klima schaffen, in dem nicht mehr offen über Fehler geredet werden kann. Das gemeinsame Ziel besteht darin, die Situation bestmöglich zu analysieren und Lösungen zu erarbeiten, sodass eine Wiederholung ähnlicher Fehler verhindert wird.

Schritt 14: Nutzen Sie Checklisten!

Piloten arbeiten mit Checklisten, die sie vor jedem Flug durcharbeiten, um nur ja nichts zu vergessen. Fluggesellschaften wissen, dass Mitarbeiter gerade bei einfachen Aufgaben die Konzentration verlieren können. Nicht die anspruchsvollen Aufgaben, sondern Routinearbeiten sind die größten Fehlerquellen. Vor diesem Hintergrund lohnt es sich, Standards über Checklisten zu überprüfen. Wo können Sie selbst mit Checklisten arbeiten? Ein Beispiel:

CHECK-KISTE: DIE ZIMMEREI HERZOG

Im Lager der Dresdner Zimmerei Herzog stehen, säuberlich beschriftet, eine Korrosionsschutz-Kiste, eine Vogel-Abwehr-Kiste und eine Holzschutz-Kiste. Hier finden alle Geräte ihren Platz. Regelmäßig müssen Herzogs Mitarbeiter die Kisten überprüfen, Werkzeuge reinigen, zum Baumarkt fahren, nachkaufen, auffüllen. „Man denkt als Arbeitgeber schnell: Ich schicke die lieber auf die Baustelle, das bringt mir wenigstens Geld. Aber ich verpulvere viel mehr Geld, wenn ich beim Kunden bin, und dann fehlt die richtige Lasur", sagt Inhaber Veit Herzog. Mit 700 Euro Umsatz kalkuliert Herzog pro Tag. Entsprechend teuer wird es, wenn eine Baustelle wegen eines vergessenen Werkzeugs eine Stunde stillsteht. (impulse 08/14)

Oft reicht es auch, Dinge im Vier-Augen-Prinzip zu erledigen – am besten aber nicht im Sechs-Augen-Prinzip: Das kann nämlich zur „Verantwortungsdiffusion" führen: Einer verlässt sich auf die anderen. Die werden schon aufpassen, dass nichts schiefgeht – eine mögliche Fehlerquelle.

Schritt 15: Wagen Sie Experimente!

Lange galt die Vermeidung von Fehlern als eines der wichtigsten Ziele für Unternehmer. Wichtig ist dies nach wie vor. Aber es reicht bei weitem nicht aus. Wer auf den bestehenden Pfaden bleibt, wird sicherlich noch eine Weile solide wirtschaften können, nicht aber die Abzweige entdecken, die Neues ermöglichen. Und das ist überlebensnotwendig angesichts von Märkten, die sich radikal wandeln. Kurz: Unternehmen sind dann stark, wenn sie auch experimentierfreudig sind.

Der US-Autor Eric Ries hat aus dieser Idee – unter dem Titel „The Lean Startup" (Das schlanke Start-up) – einen eigenen Ansatz entwickelt: Unternehmer sollten wie Naturwissenschaftler vorgehen. Schlägt ein Experiment fehl, so startet man ein neues, bis man schließlich ans Ziel gelangt – oder die Versuchsreihe stoppt. Das funktioniere auch bei Firmen, so Ries. Gründer sollten schnellstmöglich ihr Produkt auf den Markt bringen, selbst wenn es noch nicht ganz ausgereift sei. So lasse sich sehen, wer auch mit einem halb garen Produkt genügend Testkunden anziehe und eine Überlebenschance habe.

Was für Gründer gilt, gilt auch für etablierte Unternehmen. Auch sie müssen sich immer wieder neu anpassen. Es kommt darauf an, so zu experimentieren, dass man daraus wertvolle Erkenntnisse zieht – für neue Produkte, Dienstleistungen oder das Geschäftsmodell. Etwas auszuprobieren und zu scheitern ist also gewünscht, solange man daraus wichtige Lektionen lernt – und überlebt.

„Wenn Sie einen Fehler über der Wasserlinie machen, wird es das Schiff nicht versenken.“ So beschreibt Goretex-Gründer Wilbert L. Gore diese Erfahrung. „Wenn Sie allerdings etwas versuchen, das, wenn es schiefgeht, Schäden ‚unterhalb der Wasserlinie‘ anrichtet, würde es uns alle betreffen.“ Aus diesem Grund hat Goretex dieses Wasserlinien-Prinzip als eines von vier Leitsätzen fest verankert – neben Freiheit, Fairness und Engagement.

Es geht um eine Abwägung. Wie hoch ist bei einer Entscheidung der mögliche materielle Schaden? Und wie hoch der Erkenntnisgewinn? Ein „dummer“ Fehler bringt niemanden voran, wohl aber ein „intelligenter“, selbst wenn er viel kostet. Vorher wissen kann man dies nicht, man muss es ausprobieren. Entsprechend wichtig ist es für Unternehmen, Raum für Experimente zu schaffen. Überlegen auch Sie, wie Sie Experimente – oberhalb der Wasserlinie – fördern könnten und so dazu beitragen, dass Neues entdeckt wird und wegweisende Ideen auf fruchtbaren Boden fallen.

Wie wichtig solch ein Experimentierraum ist, hat der niederländische Künstler Erik Kessels in ein eingängiges Bild gefasst: „Der Vorgarten ist das fertige Werk“, schreibt er. „Aber hinter dem Haus wird die wirkliche Arbeit geleistet. Dort läuft man in Unterwäsche herum, redet mit sich selbst, macht Experimente und geht Risiken ein. Und ohne die harte Arbeit hinten, gäbe es den Vorgarten nicht. Wir alle brauchen einen Ort, an dem wir unsere Ideen testen und weiterentwickeln können, bevor wir sie der Welt offenbaren. Hier können wir jene Samen aufziehen, die wir eines Tages fertig herangewachsen den Nachbarn präsentieren. Ansonsten gibt es immer noch den Komposthaufen.“

„Ever tried. Ever failed. No matter. Try again. Fail again. Fail better“

SAMUEL BECKETT

Der Fehlerkultur-Fragebogen

Wie gut ist Ihre Fehlerkultur? Nehmen Sie sich die Zeit und reflektieren Sie darüber, wo Sie gerade stehen und was Sie verändern können. Diese 50 Impulse helfen Ihnen dabei, auf wichtige Punkte zu stoßen.

WAHRNEHMUNG UND BEWERTUNG

→ Welche Grundsätze und Glaubenssätze prägen mich?
→ An welchen Maßstäben orientiere ich mich? An den gleichen wie mein Team?
→ Bin ich mir meiner eigenen Voreingenommenheit und meiner Denkfehler bewusst? Wie wirke ich dem entgegen?
→ Schöne ich im Nachhinein unangenehme Situationen?
→ Unterscheide ich bei der Beurteilung zwischen Abläufen und Ergebnissen?
→ Lasse ich mich bei der Bewertung von Situationen oder Entscheidungen von anderen beeinflussen?
→ Fußen meine Entscheidungen auf relevanten Informationen und nachvollziehbaren Kriterien?
→ Sehe ich meine eigene Mitverantwortung an Fehlern?
→ Erkenne ich die Leistung anderer ausreichend an?

FEHLER UND GEFÜHLE

→ Was fühle ich, wenn ich Fehler anderer wahrnehme?
→ Wie fühlt es sich an, eigene Fehler wahrzunehmen?
→ Was fühle ich, wenn ich selbst kritisiert werde? Fühle ich mich bedroht, rege ich mich auf oder werde ich defensiv?
→ Wie fühlt es sich an, jemanden zu kritisieren?
→ Wie fühlt es sich an, jemanden zu loben?
→ Habe ich in schwierigen Situationen meine Gefühle im Griff? Oder verliere ich manchmal die Fassung?
→ Lasse ich mich bei der Bewertung von Menschen oder Situationen durch meine momentane Stimmung leiten?
→ Bin ich nachtragend? Oder kann ich Ereignisse aus der Vergangenheit loslassen?

URSACHEN VON FEHLERN

- → Werden Fehler in der Regel frühzeitig oder erst in einer späteren Phase entdeckt?
- → Wie offen bin ich dafür, mich bei der Fehleranalyse überraschen zu lassen und neue Aspekte zu entdecken?
- → Schiebe ich Fehler auf äußere Umstände?
- → Berücksichtige ich nicht nur einzelne Ereignisse, sondern den gesamten Kontext?
- → Differenziere ich zwischen dem Charakter einer Person und ihrem Verhalten in einer bestimmten Situation?
- → Ertappe ich mich dabei, wie ich jemanden in Schutz nehme? Warum tue ich das?
- → Liegt der Fokus auf dem ganzen System und nicht auf einzelnen Ereignissen und Personen?
- → Wie sicher bin ich mir, dass ich die tieferen Ursachen eines Fehlers wirklich entdeckt habe?

ATMOSPHÄRE DER SICHERHEIT

- → Gibt es vertrauensvolle Beziehungen im Team, sodass eine Kommunikation über Fehler leichterfällt?
- → Trauen sich Mitarbeiter, offen über Fehler zu reden?
- → Ermutige ich Kollegen, offen zu sprechen?
- → Kommt es vor, dass mich jemand auf meine eigenen Fehler hinweist?
- → Ist sichergestellt, dass ein Überbringer schlechter Nachrichten keine Nachteile erleidet?
- → Wird Kritik konstruktiv und behutsam geäußert und an nachvollziehbaren Fakten festgemacht, sodass ein echter Austausch möglich ist?
- → Interveniere ich, wenn Mitarbeiter oder Teams sich gegenseitig beschuldigen?
- → Löse ich Konflikte, ohne Vorwürfe zu vertiefen?

ÜBER FEHLER REDEN

→ Wähle ich jeweils den richtigen Zeitpunkt und Rahmen, um Kritik zu üben oder Lob auszudrücken?
→ Räume ich ein, dass meine Bewertung von Situationen oder Entscheidungen nicht immer richtig sein muss?
→ Zeige ich an Beispielen, wie ich aus Fehlern lerne?
→ Wie gut und wertschätzend gebe ich Feedback? Woran erkenne ich, ob mir dies gelingt?
→ Mache ich transparent, wie ich zu Bewertungen und Entscheidungen komme, und räume ich auch eigene Fehler ein?
→ Wird regelmäßig und strukturiert darüber gesprochen, wie Fehler hätten vermieden werden können und was sich daraus lernen lässt?
→ Belohne ich Mitarbeiter, die Fehler zugeben?
→ Sanktioniere ich Mitarbeiter, die Fehler vertuschen, kleinreden oder zu spät einräumen?
→ Werden Fehlerursachen dokumentiert und im Team kommuniziert?

AUS FEHLERN LERNEN

→ Habe ich den Eindruck, dass Fehler genutzt werden, um daraus zu lernen?
→ Was tue ich konkret dafür, damit meine Mitarbeiter Fehler als hilfreich ansehen, um ihre Arbeit verbessern zu können?
→ Gelingt es, positive Lernerfahrungen zu erzeugen?
→ Wenn jemand einen Fehler alleine nicht beheben kann, wendet er sich dann an Kollegen?
→ Ermutige ich Kollegen zum Experimentieren und stelle ich dafür Ressourcen zur Verfügung?
→ Gebe ich Kollegen, die Neues wagen und damit scheitern, ausreichend Unterstützung und Rückendeckung?
→ Nehme ich kurzfristige Fehlschläge in Kauf, wenn dadurch ein künftiger Erfolg wahrscheinlicher wird?
→ Konzentrieren wir uns nach einer Fehleranalyse auf die Lösung der Probleme und richten den Blick auf die Zukunft?

SCHLUSS

„In jeder neuen Lage neu nachdenken"

Zum Schluss zurück an den Anfang: „Wer A sagt, der muss nicht B sagen", formulierte der Knabe in Brechts Stück „Der Neinsager" seinen Widerstand gegen die verführerische Macht des Weiter-so. Eine bewusste Kehrtwende. So attraktiv es ist, die Rolle des Ja-Sagers hinter sich zu lassen und Eigenes zu schaffen, so schnell stößt man an Grenzen: Es geht nicht voran. Es hakt. Widerstand wird spürbar. Man reibt sich auf. Es reicht eben nicht aus, etwas unternehmen zu wollen.

Fehler sind deshalb so wertvoll, weil sie einem zeigen, wie es *nicht* geht – dies sind potenziell wichtige Erkenntnisse, frei Haus geliefert, am laufenden Band. Da es im Unternehmertum kein vorgegebenes Skript gibt, das nur abgespult werden muss, wird dieses alte Prinzip von Versuch und Irrtum immer eine große Rolle spielen. Was aber lernen wir wirklich aus Fehlern?

Es gibt den berühmten Satz, dass für einen Hammer jedes Problem wie ein Nagel aussieht. Dies gilt auch für Unternehmer. Hätten wir noch andere Werkzeuge zur Hand, müssten wir nicht immer mit dem Hammer ausholen. Genau darin liegt die Chance einer intensiven Beschäftigung mit Fehlern: Sie eröffnet uns neue Möglichkeiten, uns selbst und die Welt anders wahrzunehmen, tiefere Erkenntnisse zu gewinnen und auf dieser Grundlage bessere Entscheidungen zu treffen.

Es macht eben einen Unterschied, ob man ständig nach Indizien sucht, die einen selbst bestätigen, oder man sich dieser allzu menschlichen Neigung bewusst ist – und erst dann auf einer ande-

Gesetz des Instruments
1962 sagte der US-Philosoph Abraham Kaplan mit Blick auf Wissenschaftsmethoden: „Geben Sie einem Jungen einen Hammer, und alles, was ihm unterkommt, muss beklopft werden." 1966 griff der Psychologe Abraham Maslow dies auf: „Wenn das einzige Werkzeug, das Sie haben, ein Hammer ist, ist es, glaube ich, verlockend, alles zu behandeln, als ob es ein Nagel wäre."

„Ich verstehe
nicht, warum
Menschen
Angst vor neuen
Ideen haben.
Ich fürchte
mich vor alten“

JOHN CAGE

ren Grundlage entscheidet. Es macht einen Unterschied, ob man bei Fehlern reflexhaft nach Schuldigen sucht und noch mehr Schaden anrichtet – oder man weiß, wie stark wir uns dadurch selbst schützen. Und es macht einen Unterschied, ob wir uns auf einzelne Ereignisse konzentrieren oder wir einen Blick für langfristige Trends und Wechselwirkungen entwickeln. Nur so können wir in komplexen Systemen wirksame Hebel finden und unsere Ziele erreichen.

Die Beschäftigung mit Fehlern stößt uns auf Aspekte, die im unternehmerischen Alltag kaum Platz haben: Wie wir wahrnehmen und denken. Wie wir fühlen. Und welche komplexe Dynamik sich hinter einzelnen Ereignissen verbirgt. Verstehen Sie dieses Buch also als Werkzeugkasten – der Ihnen hoffentlich dabei hilft, im Brecht'schen Sinne „in jeder neuen Lage neu nachzudenken".

Und nehmen Sie noch eine zweite Botschaft mit: Es kommt nicht allein auf Sie an! Das ist eine gute und schlechte Nachricht zugleich. Die schlechte vorweg: Ob Sie erfolgreich sind oder nicht, liegt nicht nur in Ihrer Hand – egal, wie ideenreich, raffiniert oder durchsetzungsstark Sie sein mögen. Das heldenhafte Bild des Unternehmers ist nach wie vor vom Willen geprägt, etwas mit Herzblut umzusetzen. Ohne Menschen, die für ihre Ideen zu kämpfen und Risiken einzugehen bereit sind, gäbe es Stillstand in unserer Gesellschaft.

Aber das ist lediglich eine Facette: Wirklich bewegen können Sie nur etwas gemeinsam mit anderen. Dass unternehmerisch so viel scheitert, liegt meist daran, dass das Miteinander nicht funktioniert. Eine Firmenkultur zu schaffen, in der dumme Fehler vermieden und intelligente genutzt werden, ist anspruchsvoll, aber der Kern unternehmerischen Erfolgs. Versuchen Sie also, andere zu überzeugen, besser noch: zu begeistern. Deshalb ist es so wichtig, gemeinsam inspirierende Ziele zu entwickeln und über die Art und Weise, wie geführt und entschieden wird, zu reflektieren. So schwierig das auch sein mag, so birgt dies doch auch die gute Nachricht: Sie sind nicht allein.

Nutzen Sie also Fehler. Das ist Ihre Chance.

ANHANG

Anmerkungen

Literaturverzeichnis

Register

Der Autor

impulse-Verlag

Dank

Anmerkungen

Einleitung (ab Seite 6)
Der schottische Autor **James Matthew Barrie** (1860–1937), der mit „Peter Pan" (1904) weltberühmt wurde, hielt als Rektor der Universität St. Andrews im Jahr 1922 eine vielbeachtete Rede zum Thema Mut: Darin forderte er die Studenten auf, das „Ungesehene mit Freude zu begrüßen" (Courage, 1922, S. 47). Erst im Rückblick erscheine das Leben in einem anderen Licht: „When you reach the evening of your days you will, I think, see – with, I hope, becoming cheerfulness – that we are all failures, at least all the best of us" (S. 26f.). – Ursprünglich hatte **Bertolt Brecht** 1930 die Schuloper „Der Jasager" geschrieben, nach hitzigen Diskussionen mit Schülern legte er ein zweites Stück vor: „Der Neinsager". Während sich der Knabe im ersten Stück in eine Schlucht hinabstürzen lässt, widersteht er im „Neinsager" dieser Tradition („Der Jasager und Der Neinsager", S. 48f.). – „Ballistisches Verhalten", mit dem wir unsere Kompetenz-Illusion aufrechtzuerhalten versuchen, behandelt **Dietrich Dörner** in seinem Werk „Die Logik des Misslingens" (1989, insbes. S. 267ff., Zitat: S. 269). – Die Zitate der Unternehmer **Wendelin von Boch-Galhau** und **Michael Klett** stammen aus dem impulse-Buch: „Mein größter Fehler" (2016, S. 180, S. 188). – Der Psychologe **Michael Frese** von der Leuphana Universität Lüneburg beschäftigt sich seit Jahren mit Fehlern von Unternehmern. Das Zitat zu den positiven Effekten eines guten Fehlermanagements stammt aus der impulse-Titelgeschichte (08/2014) von Nicole Basel mit dem Titel „Bloß nichts falsch machen". – **Rolf Sternberg** lehrt an der Universität Hannover Wirtschaftsgeografie und leitet das deutsche Team des Global Entrepreneurship Monitors. Sein Zitat, dass Misserfolg hierzulande ein Makel sei, stammt aus einem Interview mit wiwo.de vom 11. April 2015 („Deutschland liegt deutlich unter EU-Durchschnitt").

Kapitel 1: Denkfehler (ab Seite 14)
Die Warnung, dass das Gehirn nicht herausfallen solle, wurde von Garson O'Toole („The Quote Investigator") und Tim Farley („Insight") erstmals für den 8. November 1939 nachgewiesen – in einer Rede von **Walter Maria Kotschnig** (1901–1985). Der österreichische Diplomat hatte für den Völkerbund gearbeitet und war 1936 mit seiner Familie in die USA emigriert. Dort lehrte er am Smith College in Northampton Erziehungspolitik. Wenige Wochen nach dem Überfall der deutschen Wehrmacht auf Polen und kurz vor dem „Armistice Day", der an das Ende des Ersten Weltkriegs erinnert, ermutigte er in seiner Rede („Do We Want Peace?") zu Offenheit, die aber Grenzen haben müsse, damit „die Gehirne nicht herausfallen". Man dürfe nichts relativieren: „There are still things in this world which are true and things which are false; acts which are right and acts which are wrong, even if there are statesmen who hide their designs under the cloak of high-sounding phrases." – Wirtschaftsnobelpreisträger **Daniel Kahneman** beschreibt im Bestseller „Schnelles Denken, langsames Denken" (2011) nicht nur, wie das Gehirn arbeitet, sondern auch, wie die empirischen Versuche abliefen, mit denen sich „kognitive Verzerrungen" nachweisen lassen: unser Hang zu narrativer Verzerrung etwa, Rückschau-

fehler oder der Halo-Effekt (S. 248–258); geschildert wird auch der Versuchsaufbau des **Glücksrad-Experiments**, das er mit seinem Kollegen **Amos Tversky** umsetzte (S. 152f.). Weiter zurück geht der Psychologe **Dietrich Dörner**: In seiner „Logik des Misslingens" (S. 13f.) skizziert er die Rolle, die die Evolution bei der Entwicklung unseres Gehirns gespielt hat, und blickt ebenfalls auf kognitive Verzerrungen, etwa bei Zeitabläufen (vgl. S. 156–234) oder wenn wir Aktuelles zu stark gewichten (S. 86, S. 128). Er prägt den schönen Begriff des „Eunuchenwissens" (S. 323): Viel wissen, nichts können. Pointiert bringt auch der Schweizer Autor **Rolf Dobelli** Denkfehler in seinen Büchern „Die Kunst des klaren Denkens" (2011) und „Die Kunst des klugen Handelns" (2012) auf den Punkt. Das Bild der Windschutzscheibe, mit der der Psychologe **Daniel Gilbert** unsere Wahrnehmung vergleicht – wir sitzen behaglich drinnen und glauben, dass das, was wir sehen, real ist – stammt aus seinem Buch „Ins Glück stolpern" (2008). Wie schnell unser **Unbewusstes** sein kann – Sekunden schneller als das bewusste Denken – haben Chun Siong Soon und Kollegen 2008 in ihrer Studie „Unconscious Determinants of Free Decisions in the Human Brain" gezeigt. Immerhin: Wenigstens eine Sache haben wir Maschinen noch voraus: Wir können vergessen, was sich bislang mit **künstlicher Intelligenz** kaum kopieren lässt, wie die Neurowissenschaftler Blake A. Richards und Paul W. Frankland von der Universität Toronto 2017 in ihrer Studie „The Persistence and Transience of Memory" beschrieben haben. Nicht vergessen werden, was sie erlebt haben, **Heinrich Weiss**, **Manfred Wittenstein** und **Ortwin Goldbeck**. Ihre unternehmerischen Schlüsselszenen wurden 2016 im impulse-Buch „Mein größter Fehler" (S. 179, S. 107, S. 89) dokumentiert. Dazu passt **Aldous Huxleys** Zitat aus seinen „Proper Studies" (1927), in denen er über die Paradoxie der Welt reflektiert: „Facts do not cease to exist because they are ignored" (S. 205). – US-Investor **Warren Buffett** beschreibt in einer Rede 2001, die im US-Magazin „Fortune" dokumentiert wurde, **Charles Darwin** und seine Methode, das Gehirn mit einem Notizbuch zu überlisten. – Wie wenig Erfahrungen der Vergangenheit als Wegweiser für die Zukunft taugen, erläutert Nassim Nicholas Taleb an der **Truthahn-Illusion** aus seinem Bestseller „Der schwarze Schwan" (S. 61ff.). Auf den Unterschied zwischen Unbestimmtheit und Risiko verweist der Psychologe **Gerd Gigerenzer** in seinem Buch „Risiko" (2014, S. 56). – Wie sich Geschichten verdichten lassen, zeigt Felix Wadewitz am Beispiel **Hipp** in der impulse-Titelgeschichte „Krass". – „Es ist ganz wahr, was die Philosophie sagt, daß das Leben rückwärts verstanden werden muß. Aber darüber vergißt man den andern Satz, daß vorwärts gelebt werden muß" („Die Tagebücher", 1923, S. 203), lautet das erwähnte **Kierkegaard**-Zitat in ganzer Länge. – In seinen Londoner Helden-Vorlesungen argumentiert der schottische Essayist und Schriftsteller **Thomas Carlyle** (1795–1881), man solle bei Menschen vor allem aufs Innere schauen, auf „Reue, die Versuchungen, den nie endenden Kampf". Äußere Fehler seien nicht so entscheidend. Und: „The greatest of all faults, I should say, is to be conscious of none" (Lecture 2: „The Hero as Prophet", S. 54).

Kapitel 2: Sündenbock (ab Seite 38)
Das **Bibelzitat** (Matthäus 7,3) stammt aus Jesus' Bergpredigt und folgt auf sein Verbot des Richtens: „Richtet nicht, damit ihr nicht gerichtet werdet! Denn wie ihr richtet, so werdet ihr gerichtet werden, und nach dem Maß, mit dem ihr messt und zuteilt, wird euch zugeteilt werden" (Matthäus 7,1–2). Im Neuen Testament taucht dieses Bild auch im Lukas-Evangelium (6,41f.) auf sowie im apokryphen, also nicht als Teil der Bibel anerkannten Thomas-Evangelium (26). – Dass Unternehmer ihr eigenes Scheitern

meistens auf externe Faktoren schieben, während Experten eher die Unternehmer verantwortlich machen, haben Wissenschaftler um Edward G. Rogoff 2004 in ihrer Studie **„Who Done It?"** gezeigt. Wie schnell sich gerade inkompetente Menschen überschätzen, zeigten 1999 Justin Kruger und David Dunning in ihrer Publikation „Unskilled and Unaware of It". Dieses Phänomen wurde als **Dunning-Kruger-Effekt** bekannt. Fehler machen ist das eine, Bestrafen das andere. Dass Menschen Letzteres befriedigt, wiesen Schweizer Forscher um **Dominique de Quervain** 2004 nach: Je stärker die Bestrafung ausfiel, desto größer war die Genugtuung. Solch einer Kultur der Schuldzuweisungen und Bestrafungen hat der Psychologe und Berater **Ben Dattner** ein ganzes Buch gewidmet: „The Blame Game" (2011). – Das Zitat zur Fehlerangst stammt vom amerikanischen Schriftsteller **Elbert Hubbard** (1856–1915), der 1895 nach dem Vorbild der englischen „Art and Crafts"-Bewegung eine Vereinigung aus Künstlern, Handwerkern, Designern und Autoren gegründet hatte. Für Hubbard war diese Roycroft-Bewegung auch ein unternehmerisches Projekt: Er gründete den Verlag Roycroft Press. Weltweit bekannt wurde Hubbard mit dem Essay „A Message to Garcia" (1899), in dem er beklagte, wie schwierig es für Unternehmer sei, gute, unabhängige und entschlossen handelnde Mitarbeiter zu finden. Der Text wurde etliche Male nachgedruckt, übersetzt und erreichte schließlich eine Auflage von 40 Millionen (!) Exemplaren. 1915 starb Hubbard bei einer Atlantiküberquerung von New York nach Liverpool. Ein deutsches U-Boot versenkte den britischen Ozeandampfer „RMS Lusitania". 1198 Menschen verloren ihr Leben. Zwölf Jahre später veröffentlichte der Sohn Elbert Hubbard II die Textsammlung „The Notebook of Elbert Hubbard" – samt einem Zitat, das auf einer ganzen Seite abgedruckt wurde: „The greatest mistake you can make in life is continually fearing that you'll make one" („Notebook", 1927, nach S. 128). – Stark geprägt werden wir durch unsere Erwartungen, etwa den **Pygmalion**-Effekt, den Robert Rosenthal und Lenore Jacobson 1968 in „Pygmalion in the Classroom" beschrieben. Vorlage der Bezeichnung war die gleichnamige Figur aus Ovids „Metamorphosen" (Buch 10, Vers 249). – Das Zitat über die Verwandlung von Chaos in Sinn stammt aus **Douglas Couplands** Buch „Alle Familien sind verkorkst" (2001, dt. 2002). Berühmt wurde der kanadische Autor mit „Generation X" (1991).

Kapitel 3: System (ab Seite 56)

Woher das Bonmot über die **Einfachheit** stammt, ist unklar. Vermutlich handelt es sich um ein Sprichwort aus Frankreich („Toutes choses sont difficiles, avant que d'être faciles") oder ist arabischen Ursprungs. – In der Medizin passieren nicht nur Kunstfehler, sondern auch unzählige, die kaum auffallen. Der Arzt **Sven Staender** hat deshalb für ein „‚Incident Reporting' als Instrument zur Fehleranalyse in der Medizin" geworben – so der Titel seines Aufsatzes aus dem Jahr 2001. Für komplexeres Denken hat sich auch der Biochemiker und Systemforscher **Frederic Vester** eingesetzt, der 1999 seinen Titel „Die Kunst vernetzt zu denken" vorlegte. Wie schwierig es sein kann, stets das ganze System im Blick zu haben, zeigt das Fallbeispiel des Unternehmers **Kurt Stürken** aus dem impulse-Buch „Mein größter Fehler" (3. Auflage, 2017). Peter M. Senge spricht treffend von **System-Ignoranz**, etwa zuletzt in seinem Vortrag „Systems Thinking for a Better World" auf dem „Aalto Systems Forum 2014" (YouTube). Wie wichtig wirksame Hebel in komplexen Systemen sind, hat kaum jemand so gut beschrieben wie Multitalent **Buckminster Fuller**. Sein Bild des winzigen Trimmruders, das eine große Wirkung erzielt, erwähnte er im Februar 1972 in einem „Playboy"-Interview. Senge geht in seinem Buch „Die fünfte Disziplin" (S. 82) auf diesen Erfinder ein. Fast ein Gegenbild, nämlich das des **roten Fadens**, stammt aus Goethes „Wahlverwandtschaften" (Hamburger Ausgabe, Band 6, S. 368). **Georg Christoph Lichtenbergs** (1742–1799) Erkenntnis, dass sich manches nur aus der Ferne erkennen lasse, wurde 1792 im „Göttinger Taschen-Calender" abgedruckt – mit dem treffenden Titel „Einige Neuigkeiten vom Himmel" (S. 86). Wer sich an linearen Entwicklungen orientierte, musste im berühmten **Tanaland-Experiment** von Dietrich Dörner scheitern. Der Psychologe beschreibt es ausführlich in seiner „Logik des Misslingens" (S. 26–31, S. 122–129) und nutzt als Bilder, die die Auswirkungen komplexer Systeme veranschaulichen, die Sprungfedermatratze und ein manipuliertes Schachspiel (S. 132, S. 66). – Ausführlich gibt Dörner Empfehlungen, wie man sich kluge **Ziele** setzt (S. 74–106). Abstand zu gewinnen, kann auch dabei hilfreich sein. Auf jeden Fall erkennt man so das Wesentliche, wie Leon D. Harmon und Béla Julesz mit ihrer Verpixelung des Lincoln-Porträts gezeigt haben. Die **Fuzzylogik**-Abbildung war 1973 Teil des „Science"-Aufsatzes „Masking in Visual Recognition". Solche Einsichten sind mit der **Kybernetik** verwandt. Der griechische Philosoph Platon verglich einst die Kunst, ein Schiff zu steuern, mit der Führung eines Staats („Der Staat", Erstes Buch, Sokrates erzählt). Versuche, sich selbst steuernde Maschinen zu bauen, führten schon während des Zweiten Weltkrieges zur Entstehung einer eigenen Bewegung. Kybernetiker brachten Begriffe wie Selbstregelung, Selbstorganisation, Rückkoppelung und Homöostase hervor. Ab den späten 1950ern entwickelte der Informatiker Jay W. Forrester (1918–2016) am MIT die Methode „System Dynamics" zur Simulation komplexer Systeme.

Exkurs: Die System-Archetypen

Für die Strukturmuster gibt es zum Teil unterschiedliche Bezeichnungen. Im Original ist die Rede von „Fixes that Fail" oder „Fixes that Backfire" (Fehlkorrekturen), „Shifting the Burden" (Problemverschiebung), „Limits to Growth" oder „Limits to Success" (Grenzen des Wachstums), „Attractiveness Principle" (Prinzip der Attraktivität), „Eroding Goals" oder „Drifting Goals" (Erodierende Ziele oder Aufweichung der Ziele), „Growth and Underinvestment" (Wachstum und Unterinvestition), „Success to the Successful" (Erfolg den Erfolgreichen), „Escalation" (Eskalation), „Accidental Adversaries" (Widersacher wider Willen oder Ungewollte Gegnerschaft), „Tragedy of the Commons" (Tragödie der Gemeingüter oder Tragik der Allmende). Populär gemacht hat die System-Archetypen **Peter M. Senge** mit seinem Buch „Die fünfte Disziplin" (1990), worin er allerdings nur die **„Grenzen des Wachstums"** (S. 115ff.) und die **Problemverschiebung** (S. 125ff.) im Detail beschreibt; die übrigen Muster werden im Anhang angerissen (S. 451ff.). Weiteres Material präsentierte er im „Fieldbook zur Fünften Disziplin" (1994). Mehrere Autoren haben danach weitere Archetypen visualisiert oder beschrieben. Wichtige Materialien hat **Daniel H. Kim** publiziert, insbesondere in seinem Buch „Systems Archetype Basics" (1998). Kim initiierte bereits in den 1980er-Jahren eine Website zum Thema; Material steht bis heute unter www.thesystemsthinker.com zur Verfügung. Der **Stammbaum der System-Archetypen** wurde 1994 von Michael Goodman und Art Kleiner im „Fieldbook zur Fünften Disziplin" veröffentlicht (S. 173). Der Stammbaum in diesem Buch lehnt sich an diese Struktur an, nutzt aber andere Beschreibungen, um die Zusammenhänge zwischen den Mustern klarer herauszuarbeiten. – Neben den beschriebenen zehn Archetypen gibt es eine Handvoll weiterer Muster: Bei der **„Zeitverzögerten Balance"** (oder Gleichgewichtsprozess mit Verzögerung; „Balancing Process with Delay") startet jemand eine Aktion, passt dann aber, weil das Feedback verzögert eintrifft, sein Verhalten an. Wird die Verzögerung nicht wahrgenommen, so werden mehr Korrekturen als nötig vorgenommen – oder es wird aufgegeben. Ein weiterer Archetyp heißt **„Diffusion von Neuem“**: Er zeigt sich im „Not Invented Here“-Syndrom. Ein starkes Gruppenbewusstsein lässt kaum Einflüsse von außen zu. – 1965 schrieb **Bob Dylan**, der 2016 als erster Musiker mit dem Literaturnobelpreis ausgezeichnet wurde, den Song „Love Minus Zero/No Limit“. Daraus stammt das Zitat: „She knows there's no success like failure/And that failure's no success at all.“

Kapitel 4: Vision (ab Seite 134)

Dieses Zitat über den Zauber des Anfangs stammt nicht von Goethe, sondern aus einer Faust-Übersetzung des irischen Dichters **John Anster** (1793–1867). Goethe schrieb: „Was heute nicht geschieht, ist morgen nicht getan, / Und keinen Tag soll man verpassen. / Das Mögliche soll der Entschluß / Beherzt sogleich beim Schopfe fassen, / Er will es dann nicht fahren lassen / Und wirket weiter, weil er muß“ (Goethe, Faust, Vorspiel auf dem Theater, Verse 225–230). Anster übersetzte dies frei: „What you can do, or dream you can, begin it, / Boldness has genius, power, and magic in it. / Only engage, and then the mind grows heated – / Begin it, and the work will be completed!“ (Faustus, 1835, S. 15). Später wurden diese Zeilen fälschlicherweise direkt Goethe zugeschrieben, wie Garson O'Toole (Quote Investigator, 9. Februar 2016) recherchiert hat. – Ausführlich widmet sich Senge den **Mentalen Modellen** in seinem Buch „Die fünfte Disziplin“ (S. 193–224). Er ermutigt dazu, die „inneren Bilder ... an die Oberfläche zu holen“ (S. 19). Dass wir uns dagegen sperren und welche **Abwehrroutinen** wir dabei entwickeln, hat Chris Argyris unter anderem in „Strategy Change and Defensive Routines“ (1985) beschrieben. – Wie problematisch starre Hierarchien im Cockpit sein können, zeigt Jan U. Hagen in seinem Buch „Fatale Fehler“ (2013), er kommentiert unter anderem ausführlich die **Abstürze** der Japan-Airlines- und Air-New-England-Maschinen (S. 11–28), deren Aircraft Accident Reports zudem öffentlich zugänglich sind. – Auf dem „siebten Planeten“ der Erde spielt die Erzählung „Der kleine Prinz“, die der Franzose **Antoine de Saint-Exupéry** 1943 im New Yorker Exil schrieb. Dort verrät der Fuchs dem Prinzen sein Geheimnis: „Man sieht nur mit dem Herzen gut! Das Wesentliche ist für die Augen unsichtbar“ (S. 72). – Weit davon entfernt eine „lernenden Organisation“ zu sein, ist die NASA. Im Netz nachlesbar ist der Untersuchungsbericht zum Absturz der **„Columbia“**, der den Themen „Organisation“ und „Entscheidungsfindung“ ganze Kapitel widmet – ebenso veröffentlicht wurde der Wortlaut des wegweisenden NASA-Industry-Workshops vom Juni 1979. – **Hermann Hesses** (1877–1962) Zitat stammt aus seiner Erzählung „Morgenlandfahrt“ (1932; in: Hermann Hesse, Sämtliche Werke in 20 Bänden. Herausgegeben von Volker Michels. Band 4. Copyright: Suhrkamp Verlag Frankfurt am Main 2001. Alle Rechte bei und vorbehalten durch Suhrkamp Verlag Berlin). Darin beschreibt der Diener Leo, der sich später als Oberster des „Bundes“ erweist, mit diesen Worten das „Gesetz des Dienens“ (S. 34). Robert K. Greenleaf regte dieser Text dazu an, das Konzept einer **„Servant Leadership“** in seinem gleichnamigen Buch aus dem Jahr 1977 zu entwickeln (S. 27). – Heute weiß man, dass das Gehirn seit jeher dezentral arbeitet. Darauf verweist der Kulturhistoriker Manfred Osten („Die Kunst Fehler zu machen“, S. 37). – Spät kam **Wolfgang Hölker** zu der Entscheidung, Verantwortung abzugeben. Dies ist im impulse-Buch „Mein größter Fehler“ (S. 220) dokumentiert. – Die Rolle des Unternehmers als **(System-)Designer** beschreibt Senge in „Die fünfte Disziplin“ (S. 371f.). Dabei geht er ausführlich auf den Wert einer Vision ein und widmet ihr ein eigenes Kapitel (S. 225–253). Insbesondere sei es wichtig, dass sich die Mitarbeiter als Teil eines gemeinsamen Projekts verstünden (S. 226ff., S. 315) und sie die Vision mittragen und teilen (S. 233, S. 241). – **John F. Kennedys** Rede, in der er die Mondlandung ankündigt, ist in Bild und Ton unter www.space.com dokumentiert. – Das Zitat „Success is advancing from failure to failure without losing enthusiasm" wurde häufig Winston Churchill und Abraham Lincoln zugesprochen. Garson O'Toole (Quote Investigator, 28. Juni 2014) konnte aber zeigen, dass es dafür keine Belege gibt.

Kapitel 5: Vertrauen (ab Seite 160)

Oscar Wildes (1854–1900) Zitat stammt aus dem dritten Akt seiner Komödie „Lady Windermeres Fächer" („Lady Windermere's Fan", 1892): „Experience is the name everyone gives to their mistakes." – **Wie lange überleben Unternehmen?** Richard Foster von der Yale School of Management hat 2012 für US-Firmen nur noch 15 Jahre errechnet (vgl. Kim Gittleson, „Can A Company Live Forever?", BBC, 2012). Jüngere Zahlen stammen aus dem Jahr 2015 von Madeleine I. G. Daepp und Kollegen („The Mortality of Companies") vom Santa Fe Institute. 2016 legten Rostocker Forscher um Rafael Weißbach Zahlen für Deutschland vor, indem sie Firmeninsolvenz-Daten des Bundesfinanzministeriums auswerteten (Uni Rostock: „Wie alt werden Unternehmen in Deutschland?"). Aber was sind die Gründe für das Aus? 2006 gab es dazu im Auftrag des Kreditversicherers Euler Hermes eine Studie vom Zentrum für Insolvenz und Sanierung an der Universität Mannheim. Die **Insolvenzverwalter** wurden nach dem Grund für das Aus befragt. Nach einem fehlenden Überblick über die Finanzen („fehlendes Controlling", „Finanzierungslücken", „unzureichendes Debitorenmanagement") gaben sie immerhin als vierten Grund, mit 57 (!) Prozent, den Faktor „Autoritäre, rigide Führung" an, direkt gefolgt von „ungenügender Transparenz und Kommunikation" (44 Prozent). Die Insolvenzverwalter bemängelten beim Thema Führung insbesondere das „starre Festhalten an alten Konzepten", eine „Ein-Mann-Herrschaft" sowie „Entscheidungsschwäche". Viele Unternehmen bleiben so auf der Strecke. Von einem regelrechten Unternehmer-Darwinismus sprachen Tom Peters und Robert H. Waterman bereits 2004 in ihrem Klassiker „In Search of Excellence" (S. 143f.). Fast hundert Jahre zuvor hatte der Ökonom **Joseph Schumpeter** Marktverwerfungen analysiert. In seiner „Theorie der wirtschaftlichen Entwicklung" beschrieb er, wie Neues geschaffen und Altes zerstört werde (1912, S. 157). Den berühmten Begriff der **„Creative Destruction"**, der „kreativen Zerstörung", prägte er erst 1943, als er in Harvard sein Werk „Capitalism, Socialism and Democracy" (siehe S. 81ff.) schrieb. Als wirkliches **Lernfeld** begreifen die wenigsten Unternehmer Fehler. Das zeigt die Studie „Failing to Learn and Learning to Fail (Intelligently)" von Marc D. Cannon und Amy C. Edmondson. – **Thomas Edisons** (1847–1931) berühmtes Zitat „I have not failed. I have just found 10,000 ways that won't work!" stammt aus einer Rede des amerikanischen Chemikers und Erfinders Lewis Hastings Sarett (1917–1999), der 1982 beim Jahrestreffen der National Academy of Sciences an die Beharrlichkeit des Glühlampen-Erfinders erinnerte. Das Zitat greift auf eine Szene zurück, an die sich Edisons langjähriger Begleiter Walter S. Mallory erinnerte und die in einer frühen Edison-Biografie aus dem Jahr 1910 geschildert wurde: Mallory hatte den Wissenschaftler an seinem Arbeitsplatz aufgesucht und dort erfahren, dass er in „mehr als 9000 Experimenten" versucht hatte, einen neuen Akkutyp zu entwickeln – ohne Erfolg. Daraufhin sagte Mallory: „Isn't it a shame that with the tremendous amount of work you have done you haven't been able to get any results?" Wie ein Blitz drehte sich Edison daraufhin zu ihm um und sagte lächelnd: „Results! Why, man, I have gotten a lot of results! I know several thousand things that won't work" (S. 615f.). – Wie stark der **Lerndrang** des

Menschen ist, hat der Anthropologe Edward T. Hall beschrieben: „Man is the model-making organism par excellence" („Beyond Culture", 1976, S. 10). Systemforscher Senge glaubt ebenfalls an ein intuitives Lernbedürfnis („Die fünfte Disziplin", S. 14, S. 25). Wie problematisch dagegen unser Hang zur Korrektursucht ist, beschreiben die Pädagogen Fritz Oser und Maria Spychiger in ihrem Buch „Lernen ist schmerzhaft" und unterscheiden zwischen sinnvollen und **unsinnigen Fehlern** (siehe auch „Lernen aus Fehlern", 1999, S. 20). Dass auch millionenschwere Fehler wertvoll sein können, demonstrierte IBM-Chef Watson – so dokumentieren es Paul B. Carroll und Chunka Mui in ihrem Buch „Teure Fehler". – Die Unternehmerbeispiele von **Bernhard Sack** und **Veit Herzog** stammen aus impulse 08/2014, das von **Nikolaus von Graeve** aus impulse 09/2016. – Das Zitat über intelligentes Scheitern stammt aus **Henry Fords** (1863–1947) Autobiografie „My Life and Work" (1922). In der Einleitung umreißt der Gründer des Automobilherstellers, der die Fließbandproduktion professionalisierte und so die industrielle Fertigung revolutionierte, Prinzipien seines Handelns. Eines bestehe daraus, keine Angst vor der Zukunft zu haben und die Vergangenheit zu ehren: „Failure is only the opportunity more intelligently to begin again" (S. 19). Es sei keine Schande, ehrlich zu scheitern, fährt er fort, „es ist eine Schande, sich vor dem Scheitern zu fürchten. Das Vergangene ist nur nützlich, wenn sich daraus Wege und Mittel für einen Fortschritt ableiten lassen." – Zu Vergleichen zwischen **Medizin und Luftfahrt** lohnt ein Blick in die Studie „Culture at Work at Aviation and Medicine" von Robert L. Helmreich und Ashleigh C. Merritt sowie – ganz aktuell – in die deutsche Studie „Erfolgsfaktoren Effizienz und Sicherheit" von Martin Hinsch, Barbara Hogan und Jens J. Olthoff. – Fehler zuzulassen, aber nur überlebbare, hat stets **Goretex** als „Waterline"-Prinzip hochgehalten: „Everyone at Gore consults with other knowledgeable Associates before taking actions that might be ‚below the waterline', causing serious damage to the enterprise." – Der **Vorgarten**-Vergleich stammt aus Erik Kessels Buch „FAST PEFREKT" (2016, S. 157), mit dem wunderschönen letzten Satz: „Ansonsten gibt es immer noch den Komposthaufen." – Der Schriftsteller und Literaturnobelpreisträger **Samuel Beckett** (1906–1989), berühmt geworden durch „Warten auf Godot", veröffentlichte 1983 das Prosastück „Aufs Schlimmste zu" („Worstward Ho"). Das Zitat lautet auf Deutsch: „Immer versucht. Immer gescheitert. Einerlei. Wieder versuchen. Wieder scheitern. Besser scheitern" (S. 7).

Schluss (ab Seite 190)

Wo kommt der **Hammer** her, der auf alles passt? Wie bei vielen einprägsamen Sätzen gibt es auch hier mehrere Wurzeln. Die Szene, wie ein Junge mit Hammer und Meißel anfängt, alles Mögliche damit zu bearbeiten, stammt ursprünglich aus der Londoner Wochenzeitung „Once a Week" aus dem Jahr 1868 (S. 344). Die Rede des amerikanischen Philosophen Abraham Kaplan, der das Bild aufgreift, wurde im Juni 1962 im „Journal of Medical Education" (S. 637) in Auszügen dokumentiert. Der Psychologe Abraham Maslow schließlich griff diesen Ausdruck 1966 in seinem Buch „The Psychology of Science. A Reconnaissance by Abraham H. Maslow" (S. 15f.) auf. Heute gilt unsere Neigung, Werkzeuge zu nutzen, die wir kennen, selbst wenn ein anderes besser geeignet wäre, als gut erforschte „kognitive Verzerrung", auch bekannt als „Gesetz des Instruments" oder „Maslows Hammer". – Das **John-Cage**-Zitat über die Angst vor Ideen stammt aus dem Interview-Buch „Conversing with Cage" (1988) von Richard Kostelanetz. Im Original heißt es: „I can't understand why people are frightened of new ideas. I'm frightened of the old ones" (S. 207).

Literaturverzeichnis

CHRIS ARGYRIS: Strategy Change and Defensive Routines. Pitman Publishing, Marshfield 1985.

LUDWIG BERTALANFFY: General System Theory. Foundations, Development, Applications. Revised Edition. George Braziller, New York 2015. Original: 1968.

THOMAS CARLYLE: On Heroes, Hero-Worship, and the Heroic in History. Hrsg. von David R. Sorensen und Brent E. Kinser. Yale University Press, New Haven und London 2013.

PAUL B. CARROLL und CHUNKA MUI: Teure Fehler. Was Sie von den schlimmsten Managementfehlern lernen können und wie Sie sie vermeiden. Übersetzt von Moritz Malsch. Finanzbuch Verlag, München 2009. Original: Billion Dollar Lessons. What You Can Learn from the Most Inexcusable Business Failures of the Last 25 Years. Portfolio, New York 2009. Erstausgabe: 2008

BEN DATTNER und DARREN DAHL: The Blame Game. How the Hidden Rules of Credit and Blame Determine Our Success or Failure. Free Press, New York 2011.

ROLF DOBELLI: Die Kunst des klaren Denkens. 52 Denkfehler, die Sie besser anderen überlassen. Mit Illustrationen von Birgit Lang. dtv, München 2014. 17. Auflage 2017. Lizenzausgabe des Carl Hanser Verlags, München 2011.

ROLF DOBELLI: Die Kunst des klugen Handelns. 52 Irrwege, die Sie besser anderen überlassen. Mit Illustrationen von El Bocho und Simon Stehle. dtv, München 2014. 6. Auflage 2016. Lizenzausgabe des Carl Hanser Verlags, München 2012.

DIETRICH DÖRNER: Die Logik des Misslingens. Strategisches Denken in komplexen Situationen. Erweiterte Neuausgabe. Rowohlt, Reinbek 2003. 14. Auflage 2017. Original: 1989.

PETER DRUCKER: Innovation and Entrepreneurship. Harper Business, New York 2006. Original: 1985.

FRANK LEWIS DYER und THOMAS COMMERFORD MARTIN: Edison. His Life and Inventions. Bd. 2, Harper & Brothers, New York 1910. Zitiert nach Garson O'Toole: „I Have Gotten A Lot of Results! I Know Several Thousand Things That Won't Work." In: Quote Investigator, 31. Juli 2012.

HENRY FORD mit SAMUEL CROWTHER: My Life and Work. Garden City Publishing Company, New York 1922.

NIKOLAUS FÖRSTER (Hrsg.): Mein größter Fehler. Bekenntnisse erfolgreicher Unternehmer. Tellus Books, Hamburg 2016. 2. Auflage, 2016.

NIKOLAUS FÖRSTER (Hrsg.): Mein größter Fehler. Bekenntnisse erfolgreicher Unternehmer. Erweiterte und überarbeitete Ausgabe. impulse Buch, Hamburg 2017. 3. Auflage. Original: 2016.

GERD GIGERENZER: Risiko. Wie man die richtigen Entscheidungen trifft. Aus dem Englischen von Hainer Kober. btb Verlag, München 2013. 4. Auflage 2014. Original: Risk Savy. How to Make Good Decisions. Penguin, New York 2013.

DANIEL GILBERT: Ins Glück stolpern. Suche dein Glück nicht, dann findet es dich von selbst. Goldmann, München 2008. Original: Stumbling on Happiness. Alfred A. Knopf Publishers, New York 2006.

ROBERT K. GREENLEAF: Servant Leadership. A Journey into the Nature of Legitimate Power & Greatness. Foreword by Stephen R. Covey. Afterword by Peter M. Senge. Paulist, New York 2002. Original: 1977.

JAN U. HAGEN: Fatale Fehler. Oder warum Organisationen ein Fehlermanagement brauchen. Springer Gabler, Berlin 2013.

EDWARD T. HALL: Beyond Culture. Anchor Books, Garden City 1976.

ROBERT L. HELMREICH und ASHLEIGH C. MERRITT: Culture at Work in Aviation and Medicine. National, Organizational and Professional Influences. Routledge, London and New York 2016. Original: Ashgate Publishing, Aldershot 1998.

MARTIN HINSCH, BARBARA HOGAN und JENS J. OLTHOFF: Erfolgsfaktoren Effizienz und Sicherheit. Was die Medizin von der Luftfahrt lernen kann. Verlag W. Kohlhammer, Stuttgart 2016.

DANIEL KAHNEMAN: Schnelles Denken, langsames Denken. Aus dem amerikanischen Englisch von Thorsten Schmidt. Siedler Verlag, München 2012. Original: Thinking Fast and Slow. Farrar, Straus and Giroux, New York 2011.

ERIK KESSELS: FAST PEFREKT. Die Kunst, hemmungslos zu scheitern. Wie aus Fehlern Ideen entstehen. DuMont Buchverlag, Köln 2016. Original: Failed It! How to Turn Mistakes into Ideas and Other Advice for Successfully Screwing Up. Phaidon Press, Limited, London 2016.

DANIEL H. KIM und VIRGINIA ANDERSON: Systems Archetypes Basics. From Story to Structure. Revised Edition. The Pegasus Workbook Series. Pegasus Communications, Waltham, MA 1998.

RICHARD KOSTELANETZ: Conversing with Cage. Limelight Editions, New York 1988.

ABRAHAM MASLOW: The Psychology of Science. A Reconnaissance. Harper & Row, New York 1966.

DONELLA H. MEADOWS: Die Grenzen des Denkens. Wie wir sie mit System erkennen und überwinden können. Oekom, München 2010. Original: Thinking in Systems. A Primer. Chelsea Green Publishing, White River Junction, VT 2008.

DONELLA MEADOWS und DENNIS MEADOWS: Die Grenzen des Wachstums. Deutsche Verlagsanstalt, Stuttgart 1972. Original: The Limits to Growth. A Report for the Club of Rome's Project on the Predicament of Mankind. Universe Books, New York 1972.

FRITZ OSER und MARIA SPYCHIGER: Lernen ist schmerzhaft. Zur Theorie des negativen Wissens und zur Praxis der Fehlerkultur. Beltz Verlag, Weinheim 1995.

MANFRED OSTEN: Die Kunst Fehler zu machen. Suhrkamp Verlag, Frankfurt am Main 2006.

TOM PETERS und ROBERT H. WATERMAN: Auf der Suche nach Spitzenleistungen. Was man von den bestgeführten US-Unternehmen lernen kann. MVG, München, 1982. Original: In Search of Excellence. Lessons from America's Best-Run Companies. Profile, London 2004. Erstausgabe: Harper & Row, New York 1982.

ERIC RIES: Lean Startup. Schnell, risikolos und erfolgreich Unternehmen gründen. Redline, München 2012. Original: Lean Startup. How Today's Entrepreneurs Use Continuous Innovation to Create Radically Successful Businesses. Crown Business, New York 2011.

MARTIN SCHNEIDER: Teflon, Post-it und Viagra. Große Entdeckungen durch kleine Zufälle. Wiley-VCH Verlag, Weinheim 2006.

JOSEPH SCHUMPETER: Theorie der wirtschaftlichen Entwicklung. Nachdruck der 1. Auflage von 1912. Hrsg. und ergänzt um eine Einführung von Jochen Röpke und Olaf Stiller. Duncker & Humblot, Berlin 2006.

JOSEPH SCHUMPETER: Kapitalismus, Sozialismus und Demokratie. UTB, Stuttgart 2005. 8. Auflage. Original: Capitalism, Socialism, and Democracy. Routledge, London 1943.

PETER M. SENGE: Die fünfte Disziplin. Kunst und Praxis der lernenden Organisation. Aus dem Amerikanischen von Maren Klostermann und Hans Freundl. 11., völlig überarbeitete und aktualisierte Auflage. Schäffer-Poeschel Verlag, Stuttgart 2011. Deutsche Erstausgabe: J. G. Cotta'sche Buchhandlung Nachfolger, Stuttgart 1996. Original: The Fifth Discipline. The Art and Practice of the Learning Organization. Completely Revised and Updated Edition. Crown Publishing Group, New York 2006.

PETER M. SENGE, ART KLEINER, CHARLOTTE ROBERTS, RICHARD B. ROSS und BRYAN J. SMITH: Das Fieldbook zur Fünften Disziplin. Aus dem Amerikanischen von Maren Klostermann. Schäffer-Poeschel Verlag, Stuttgart 2008. Deutsche Erstausgabe: J. G. Cotta'sche Buchhandlung Nachfolger, Stuttgart 1996. Original: The Fifth Discipline. Fieldbook. Doubleday, New York 1994.

DENNIS SHERWOOD: Seeing the Forest For the Trees. A Manager's Guide to Applying Systems Thinking. Nicholas Brealey Publishing, London, Boston 2002.

HERMANN SIMON: Preisheiten. Alles, was Sie über Preise wissen müssen. Erweiterte Auflage. Campus Verlag, Frankfurt 2015. Original: 2013.

NASSIM NICHOLAS TALEB: Der Schwarze Schwan. Die Macht höchst unwahrscheinlicher Ereignisse. Aus dem Amerikanischen von Ingrid Proß-Gill. Carl Hanser Verlag, München 2008. Original: The Black Swan. The Impact of the Highly Improbable. New York, Random House 2007.

FREDERIC VESTER: Die Kunst vernetzt zu denken. Ideen und Werkzeuge für einen neuen Umgang mit Komplexität. Ein Bericht an den Club of Rome. Aktualisierte und erweiterte Taschenbuchausgabe. dtv Verlagsgesellschaft, München 2002. 10. Auflage 2015. Original: Deutsche Verlags-Anstalt, München 1999.

HERMANN WEIMER: Psychologie der Fehler. Verlagsbuchhandlung Julius Klinkhardt, Leipzig 1925.

ROBERT ROSENTHAL und LENORE JACOBSON: Pygmalion in the Classroom. Erweiterte Ausgabe. Irvington Publishers, New York 1992. Original: Rinehart & Winston, New York 1968.

ARI WEINZWEIG: A Lapsed Anarchist's Approach to Building a Great Business. Zingerman's Guide to Good Leading, Part 1. Zingerman's Press, Ann Arbor 2010.

Schriftsteller und Philosophen

SAMUEL BECKETT: Worstward Ho. Aufs Schlimmste zu. Suhrkamp Verlag, Frankfurt 2002. Original: Worstward Ho. Grove Press, New York 1983.

BERTOLT BRECHT: Der Jasager und Der Neinsager. Vorlagen, Fassungen, Materialien. Herausgegeben und mit einem Nachwort versehen von Peter Szondi. Suhrkamp, Frankfurt am Main 1966. 29. Auflage 2013.

DOUGLAS COUPLAND: Alle Familien sind verkorkst. Übersetzt von Tina Hohl. Hoffmann und Campe, Hamburg 2002. Original: All Families Are Psychotic. Random House, New York 2001.

JOHANN WOLFGANG VON GOETHE: Aus meinem Leben. Dichtung und Wahrheit, Dritter Teil, elftes Buch (1811). In: Goethes Werke. Hamburger Ausgabe in 14 Bänden. Hrsg. von Erich Trunz. Band 9: Autobiographische Schriften I. C.H. Beck'sche Verlagsbuchhandlung, München 1981. 11. Auflage 1989.

JOHANN WOLFGANG VON GOETHE: Die Wahlverwandtschaften. In: Goethes Werke. Hamburger Ausgabe in 14 Bänden. Hrsg. von Erich Trunz. Band 6: Romane und Novellen I. C.H. Beck'sche Verlagsbuchhandlung, München 1981. 12. Auflage 1989.

JOHANN WOLFGANG VON GOETHE: Faust. Eine Tragödie. In: Goethes Werke. Hamburger Ausgabe in 14 Bänden. Hrsg. von Erich Trunz. Band 3: Dramatische Dichtungen I. C.H. Beck'sche Verlagsbuchhandlung, München 1981. 11. Auflage 1989.

JOHANN WOLFGANG VON GOETHE: Faustus. A Dramatic Mystery. The Bride of Corinth. The First Walpurgis Night. Translated from the German of Goethe, and Illustrated with Notes by John Anster. Longman, London 1835.

HERMANN HESSE: Die Morgenlandfahrt. In: Sämtliche Werke in 20 Bänden. Herausgegeben von Volker Michels. Band 4. Suhrkamp Verlag, Frankfurt am Main 2001.

ELBERT HUBBARD: The Notebook of Elbert Hubbard. Mottoes, Epigrams, Short Essays, Passages, Orphic Sayings and Preachments, Coined From a Life of Love, Laughter and Work, by a Man who Achieved Greatly in Literature, Art, Philosophy and Business. W. H. Wise & Co, New York 1927.

ALDOUS HUXLEY: Proper Studies. The Proper Study of Mankind Is Man. Chatto and Windus, London 1929. Original: 1927.

SØREN AABYE KIERKEGAARD: Die Tagebücher. Deutsch von Theodor Haecker. Brenner-Verlag, Innsbruck 1923.

GEORG CHRISTOPH LICHTENBERG: Einige Neuigkeiten vom Himmel. In: Göttinger Taschen-Calender für das Jahr 1792.

PUBLIUS OVIDIUS NASO: Metamorphosen. Aus dem Lateinischen nach der Übersetzung von Reinhart Suchier. Verlag Philipp Reclam jun., Leipzig 1990.

PLATON: Der Staat (Politeia). Platons Werke von Friedrich Schleiermacher. Akademie Verlag, Berlin 1985.

ANTOINE DE SAINT-EXUPÉRY: Der kleine Prinz. Karl Rauch Verlag, Düsseldorf 1956. Original: Le Petit Prince. Éditions Gallimard, Paris 1943.

OSCAR WILDE: Lady Windermeres Fächer. Die Geschichte einer anständigen Frau; Komödie in 4 Akten. Reclam, Stuttgart 2006. Original: Lady Windermere's Fan. A Play About a Good Woman, 1893.

Dokumente, Reden, Artikel

AIRCRAFT ACCIDENT REPORT: Japan Airlines Co., Ltd., Anchorage, Alaska. January 13, 197. McDonnel-Douglas DC-8-62F. JA 8054. Adopted 16. Jan. 1979. National Transportation Safety Board, Report: NTSR-AAR-78-7.

AIRCRAFT ACCIDENT REPORT: Air New England, Inc. Hyannis Massachusetts, June 17, 1979. National Transportation Safety Board. Report: NTSB-AAR-80-1.

JAMES MATTHEW BARRIE: Courage. The Rectoral Address Delivered at St. Andrews University May 3rd 1922. Hodder and Stoughton, London 1923.

LAZAR BACKOVIC: „Hinfallen, aufstehen, weitermachen". impulse 08/2015.

NICOLE BASEL: „Bloß nichts falsch machen". impulse 08/2014.

WARREN BUFFETT: „On the Stock Market". In: Fortune, 10. Dezember 2001.

TIM FARLEY: „A Sceptical Maxim (May) Turn 75 This Week". In: Insight, 4. November 2014. www.skeptic.com.

KIM GITTLESON: „Can A Company Live Forever?". BBC News, New York. 19. Januar 2012. www.bbc.com/news/business-16611040.

JOHN F. KENNEDY: „Moon Shot Speech to Congress". www.nasa.gov/vision/space/features/jfk_speech_text.html. Video: YouTube.

WALTER KOTSCHNIG: „Do We Want Peace?" Rede am 8. November 1939 am Smith College. Auszüge dokumentiert in: Chapel and Assembly Notes, Smith Alumnae Quarterly 31, Nr. 2 (Februar 1940), S. 153. Zitiert nach Garson O'Toole: „Do Not Be So Open-Minded That Your Brains Fall Out". Quote Investigator, 13. April 2014.

BERT LOSSE: „Deutschland liegt deutlich unter EU-Durchschnitt". In: wiwo.de, 11. April 2015.

NASA: Columbia Accident Investigation Board. Report Volume 1, August 2003.

NASA-CONFERENCE PUBLICATION 2120: Workshop „Resource Management on the Flight Deck". Proceedings of a NASA/Industry Workshop Held at San Francisco, California, June 26-28, 1979. Ames Research Center, März 1980.

ONCE A WEEK: 16. April 1868 (Nr. 16). Bradbury, Evans & Company, London.

GARSON O'TOOLE: „Failure Is Only the Opportunity More Intelligently To Begin Again." In: Quote Investigator, 20. Januar 2016.

GARSON O'TOOLE: „Success Is Going from Failure to Failure Without Losing Your Enthusiasm." In: Quote Investigator, 28. Juni 2014.

GARSON O'TOOLE: „What You Can Do, or Dream You Can, Begin It; Boldness Has Genius, Power, and Magic in It." In: Quote Investigator, 9. Februar 2016.

LEWIS HASTINGS SARETT: Rede am 26. April 1982 bei der Jahrestagung der National Academy of Sciences. In: Proceedings of the National Academy of Sciences of the United States of America, 1983 July, Band 80, Nr. 14, S. 4572. Hrsg. v. National Academy of Sciences, Washington D.C. Zitiert nach Garson O'Toole: „I Have Gotten A Lot of Results! I Know Several Thousand Things That Won't Work." In: Quote Investigator, 31. Juli 2012.

PETER M. SENGE: „Systems Thinking for a Better World". Vortrag auf dem „Aalto Systems Forum 2014", YouTube.

URSACHEN VON INSOLVENZEN: Wirtschaft konkret. Hrsg. von Euler Hermes Kreditversicherungs-AG. Abrufbar unter „Studien" beim Zentrum für Insolvenz und Sanierung der Universität Mannheim. www.zis.uni-mannheim.de

FELIX WADEWITZ: „Krass“. impulse 05/2015.

JULIA WEHMEIER: „Fehlerkultur“. impulse 09/2016.

WIE ALT WERDEN UNTERNEHMEN IN DEUTSCHLAND? Rostocker Forscher geben nach umfangreicher Datenauswertung Antwort. Pressemitteilung der Universität Rostock vom 26. September 2016.

Wissenschaftliche Aufsätze

MARC D. CANNON und AMY C. EDMONDSON: „Failing to Learn and Learning to Fail (Intelligently). How Great Organizations Put Failure to Work to Innovate and Improve“. In: Long Range Planning 28 (2005), S. 299–319.

MADELEINE I. G. DAEPP, MARCUS J. HAMILTON, GEOFFREY B. WEST und LUÍS M. A. BETTENCOURT: „The Mortality of Companies“. In: Journal of the Royal Society 1 (April 2015).

LEON D. HARMON UND BÉLA JULESZ: „Masking inVisual Recognition: Effects of Two-Dimensional Filtered Noise“. In: Science 180 (15. Juni 1973). S. 1194–1197.

ABRAHAM KAPLAN: Journal of Medical Education 37 (Juni 1962). Association of American Medical Colleges, Baltimore, MD.

JUSTIN KRUGER und DAVID DUNNING: „Unskilled and Unaware of It. How Difficulties in Recognizing One’s Own Incompetence Lead to Inflated Self-Assessments“. In: Journal of Personality and Social Psychology 77, Nr. 6 (1999). S. 1121–1134.

FRITZ OSER, TINA HASCHER und MARIA SPYCHIGER: Lernen aus Fehlern. Zur Psychologie des ‚negativen‘ Wissens. In: Fehlerwelten. Vom Fehlermachen und Lernen aus Fehlern. Beiträge und Nachträge zu einem interdisziplinären Symposium aus Anlaß des 60. Geburtstags von Fritz Oser. Hrsg. von Wolfgang Althof. Springer Fachmedien, Wiesbaden 1999.

DOMINIQUE DE QUERVAIN, URS FISCHBACHER, VALERIE TREYER, MELANIE SCHELLHAMMER, ALFRED BUCK und ERNST FEHR: „The Neural Basis of Altruistic Punishment“. In: Science 305 (27. August 2004). S. 1254–1258.

BLAKE A. RICHARDS und PAUL W. FRANKLAND: „The Persistence and Transience of Memory“. In: Neuron 94, Nr. 6 (21. Juni 2017). S. 1071–1084.

EDWARD G. ROGOFF, MYUNG-SOO LEE und DONG-CHURL SUH: „‚Who Done It?‘ Attributions by Entrepreneurs and Experts of the Factors that Cause and Impede Small Business Success“. In: Journal of Small Business Management 42, Nr. 4 (2004). S. 364–376.

CHUN SIONG SOON, MARCEL BRASS, HANS-JOCHEN HEINZE und JOHN-DYLAN HAYNES: „Unconscious Determinants of Free Decisions in the Human Brain“. In: Nature Neuroscience 11 (2008). S. 543–545.

SVEN STAENDER: „‚Incident Reporting‘ als Instrument zur Fehleranalyse in der Medizin“. In: Zeitschrift für ärztliche Fortbildung und Qualitätssicherung (ZaeFQ) 95 (2001). S. 479–484.

Register

„Wer sich in den Status quo verliebt, riskiert, blind zu werden für das Neue“

NIKOLAUS FÖRSTER

AUTOR UND VERLEGER

Vom Chefredakteur zum Chef

Nikolaus Förster

Nikolaus Förster, geboren 1968, ist einer der führenden Wirtschaftsjournalisten in Deutschland und zugleich Unternehmer – eine seltene Kombination: 2013 übernahm der Chefredakteur des Unternehmermagazins impulse den traditionsreichen Titel im Zuge eines Management-Buy-outs von Gruner+Jahr, gründete den Verlag Impulse Medien und zwei Jahre später die impulse-Akademie.

Nach dem Abitur 1988 machte er seinen Zivildienst als Sozialarbeiter in London, studierte Germanistik, Kunstgeschichte und Musikwissenschaft in Bonn und promovierte über „Die Wiederkehr des Erzählens“ (Wissenschaftliche Buchgesellschaft, Darmstadt 1999). Förster absolvierte eine studienbegleitende Journalistenausbildung, war 1999 Mitglied der Entwicklungsredaktion der „Financial Times Deutschland“, anschließend dort Reporter, Kommentarchef und Ressortleiter. 2009 wurde er Chefredakteur von impulse. Als Fellow arbeitete Förster an der University of Cambridge in Großbritannien und an der Harvard University in den USA.

Förster wurde mit mehreren Journalistenpreisen ausgezeichnet, ist gefragter Redner, Moderator, Dozent und begleitet Unternehmer. Zu seinen Publikationen zählt der Sammelband „Die kreativen Zerstörer der deutschen Wirtschaft. Wie Ideen Märkte verändern“ (Finanzbuch-Verlag, München 2009) sowie, als Mitherausgeber, der Band „Vorbilder für Deutschland. Die erfolgreiche Welt der Familienunternehmer“ (Murmann-Verlag, Hamburg 2013). 2016 erschien – als erstes impulse-Buch – der Bestseller „Mein größter Fehler. Bekenntnisse erfolgreicher Unternehmer“.

IMPULSE-NEUSTART

Die Lust, Regeln zu brechen

impulse – seit 1980
Gegründet wird das Unternehmermagazin 1980. Während sich die meisten Wirtschaftstitel an Angestellte wenden, soll impulse Chefs mit Informationen versorgen und inspirieren. Nikolaus Förster wird 2009 Chefredakteur und vier Jahre später selber Unternehmer, als er den Titel im Zuge eines Management-Buy-outs von Gruner + Jahr übernimmt. Mit seinem Team gründet er in Hamburg den Verlag Impulse Medien, dann die impulse-Akademie. Wie er den Neustart 2013 erlebte, beschreibt er auf diesen Seiten.

Als ich am Abend des 30. Oktober 2012 Kaltenkirchen ansteuere, ein kleines Städtchen zwischen Hamburg und Kiel, ist völlig offen, ob impulse eine Zukunft hat. Ich habe mich mit Anwälten verabredet, in einem kleinen Büro nahe der Autobahn, die Zeit drängt. Angesichts von Millionenverlusten hat der Gruner+Jahr-Vorstand entschieden, die Auflösung der Wirtschaftsmedien-Gruppe zu prüfen: Financial Times Deutschland, Capital, impulse, Börse Online, Business Punk. Wie geht es weiter? Mehr als 300 Stellen könnten wegfallen. Ein Debakel. Ich will wissen: Welche Zukunft kann das Mittelstandsmagazin impulse haben, das ich als Chefredakteur verantworte? Von den Kieler Arbeits- und Markenrechtlern erwarte ich an diesem Abend eine erste Einschätzung: Lässt sich der Titel aus dem Verlagskonzern herauslösen? Und: Wie könnte ein Management-Buy-out konkret ablaufen?

Es ist eine Premiere. Nie zuvor hatte ein Chefredakteur solch einen Schritt gewagt. „Es gibt eine Chance", sagen die Anwälte, „aber es ist riskant." Was tun? Suche ich mir mit der hohen Abfindung, die mir nach all den Jahren im Konzern zusteht, eine neue Stelle? Oder tue ich das, worüber ich sonst nur geschrieben habe: Werde ich selbst Unternehmer? Schnell ist klar: Ich muss es wenigstens versuchen – trotz Risiko. Sonst werde ich mir dies ein Leben lang vorwerfen. 71 Tage dauern die Verhandlungen, andere Investoren kommen ins Spiel, in einem virutellen Datenraum sichten sie die Informationen und geben Gebote ab. Es entbrennt ein regelrechter Verhandlungskrimi. Am Ende setze ich mich durch. Die Beurkundung des Kaufvertrags zieht sich in die Länge, dauert über neun Stunden – weil bis zum Schluss letzte Details verhandelt werden. Am 9. Januar 2013, abends um 22.09 Uhr, ist es soweit: Ich unterschreibe. Mit einem Mal ist das Mittelstandsmagazin nicht mehr Teil eines

Konzerns, sondern mittelständisch. „Es lebe das Unternehmertum!“, schreibt ein Leser am nächsten Tag. Geschafft! Wir sind frei. Der Hamburger Unternehmer Dirk Möhrle steigt als Mitgesellschafter ein. So bleiben wir bankenunabhängig und haben einen erfahrenen Unternehmer als wichtigen Sparringspartner an der Seite.

Es ist ein Neustart. Plötzlich sind wir auf Augenhöhe mit unseren Kunden. Endlich sind wir als inhabergeführter Verlag nicht mehr gezwungen, Konzernlogiken zu folgen oder überkommene Verlagsrezepte anzuwenden. Es geht Schlag auf Schlag: Einen Tag nach dem Management-Buy-out schaffen wir sämtliche Aboprämien ab. Kunden locken wir nicht mehr mit Kaffeemaschinen oder Tankgutscheinen, sondern überzeugen sie mit Inhalten. Im zweiten Schritt schaffen wir die Laufzeiten ab. Jeder kann jederzeit ohne Frist kündigen. Wir nehmen uns selbst in die Pflicht, immer wieder wertvolle Impulse zu liefern – egal, ob es sich um Recherchen oder Veranstaltungen handelt: inspirierende Firmenbesuche oder Konferenzen. Unser Anspruch: Nur wer Qualität liefert, hat es verdient, Geld zu verdienen. Im dritten Schritt verzichten wir auf Call-Center zugunsten eigener Kundenbetreuerinnen. Langfristige Beziehungen, so unsere Überzeugung, lassen sich nur pflegen, wenn wir persönlich ansprechbar sind. 2015 starten wir die impulse-Akademie, als wir merken, wie wertvoll es ist, unternehmerische Themen auch in praxisnahen Workshops zu vertiefen. 2016 erscheint das erste impulse-Buch, „Mein größter Fehler“ – ein Bestseller. 2017 folgen die ersten impulse-Filme: die Serie „Kreative Zerstörer“.

Es ist ein Kraftakt: In einem Markt, der sich radikal verändert, erreichen wir im vierten Jahr nach dem Management-Buy-out, nach einer Verdopplung des Teams und Investitionen in die Digitalisierung eine schwarze Null und arbeiten an neuen Projekten – immer mit dem Ziel, die besten unternehmerischen Impulse zu recherchieren und zu vermitteln. „Wer sich in den Status quo verliebt“, so meine Überzeugung, „riskiert, blind zu werden für das Neue.“

Sie wollen mehr über impulse erfahren?

Das Magazin im Abo:
impulse.de/abo

Seminare der Akademie:
impulse.de/akademie

Alles über Fehlerkultur:
impulse.de/fehler

Das ehrlichste Managementbuch des Jahres!

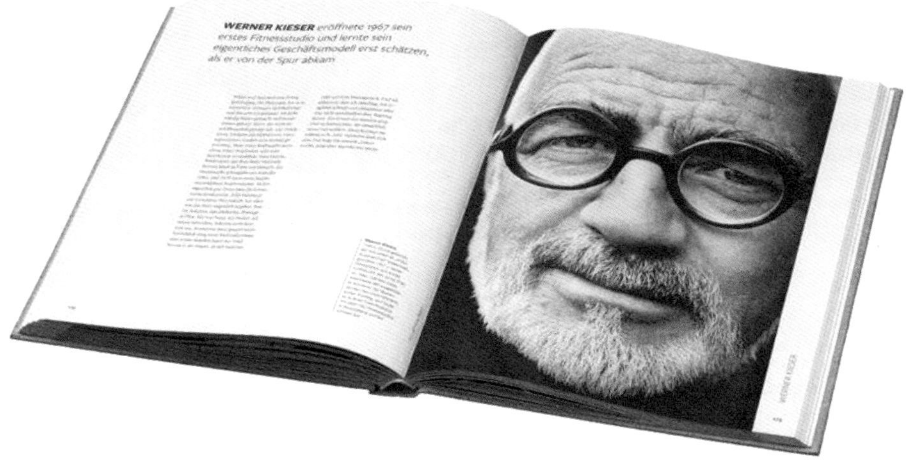

Mein größter Fehler. Bekenntnisse erfolgreicher Unternehmer
288 Seiten mit 100 Schwarz-Weiß-Porträts, Hardcover mit Leineneinband
69,90 €, ISBN: 978-3-947212-02-6

Jahrelang hat das Wirtschaftsmagazin impulse Unternehmer, die auf ihr Leben zurückblicken, nach ihren bittersten Niederlagen befragt. Jetzt erscheinen 100 Schlüsselerlebnisse als Buch: ein einzigartiges Projekt in einem Land, in dem kaum jemand offen über Fehler spricht. Dokumentiert werden Bekenntnisse von Menschen, die aus dem Nichts milliardenschwere Firmen aufbauten, wie **Dirk Roßmann** oder OBI-Gründer **Manfred Maus**, über Familien, die jahrzehntelang das Land prägten, wie die **Oetkers**, bis zu innovativen Mittelständlern.

Die persönlichen Erlebnisse eröffnen einen überraschenden Blick auf die jüngste Wirtschaftsgeschichte – und offenbaren Verhaltensmuster, die immer wieder zu massiven Fehlern führen. impulse-Chefredakteur Nikolaus Förster hat daraus zehn Managementlektionen abgeleitet samt kurzer Praxisanleitung, wie sich Fehler als Chance nutzen lassen.

Bestellen Sie jetzt Ihr Exemplar
impulse.de/fehlerbuch

impulse buch

Dank

Ich danke Broder Buch-Winckel, dass er nie locker ließ: Er erinnerte mich immer wieder an das Buchprojekt, bis ich mich irgendwann für ein paar Tage an der Nordseeküste einquartierte und anfing. Maike Pleyn schaufelte mir Zeit in meinem Kalender frei, Cathleen Kliche half bei Recherchen und dem Klären von Rechten. Eva Weikert sorgte mit ihrer detaillierten Planung dafür, dass das Buch neben der Magazinproduktion überhaupt entstehen konnte. Lazar Backovic, Nicole Basel, Felix Wadewitz und Julia Wehmeier schrieben für impulse spannende Unternehmerfälle auf, die jetzt auch dieses Buch bereichern. Ich danke Anna Bicker, Antonia Götsch und Anita Krüger für ihr kritisches Gegenlesen und den sanften Druck, mit dem sie mich dazu brachten, mich von allzu abseitigen Gedankengängen zu verabschieden („kill your darlings!"), anderes dagegen zu vertiefen. Tobias Auböck begleitete das gesamte Projekt und begab sich mit einer Liebe fürs Detail selbst in die Untiefen der Quellen- und Registereinträge. Ich danke Wym Korff für die Herstellung, Jens Reitemeyer für die Artdirection des Buches samt Cover, Kathrin Sander für die Reinzeichnung und Heike Meyer-Ludwig dafür, dass sie es orthografischen Fehlern schwer machte zu überleben. Monira Mansour, Kathrin Göbel und Anne Schröder sorgten für die Präsentation des Titels im Internet.
Solch ein Buch zu schreiben kostet Kraft und Zeit. Und die ist knapp. Deshalb danke ich meiner Frau, dass sie dies mittrug und mir wertvolles Feedback gab, sowie meinen Kindern, die das Projekt auf ihre Art begleiteten: In all den Büchern, in die ich mich über Monate hinweg vertiefte, versteckten sie kleine, mit Hand beschriebene Zettel, die beim Umblättern aus den Seiten flatterten. „Du schaffst das!", stand dann da. Oder: „Wow! Schlau!" Das hilft.

Impressum

Projektleitung: Broder Buch-Winckel und Eva Weikert
Artdirection und Infografiken: Jens Reitemeyer
Lektorat: Heike Meyer-Ludwig
Herstellung und Druckvorstufe: Alphabeta GmbH, Hamburg
Druck: RTS Scholz GmbH, Bremen, printed in Germany
ISBN: 978-3-947212-01-9
impulse.de/chancenbuch, impulse.de/fehlerbuch, impulse.de